그림으로 보는
모든 순간의 과학

그림으로 보는
모든 순간의 과학

내 방에서 우주 끝까지, 세상의 온갖 법칙과 현상을 찾아서

브라이언 클레그 글 ◦ 애덤 댄트 그림 ◦ 이종필 옮김

김영사

CONTENTS

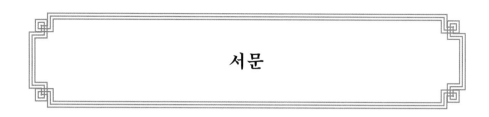

서문

과학은 우주의 구성 요소들이 어떻게 작동하는지를 연구하는 학문이다. 이는 지식의 추상적인 추구일 수도 있지만 그 자체만으로도 가치 있는 활동이다. 응용과학의 원리들이 (특히 광학에서) 발전하면서 과학은 점차 실용적인 연구가 되어가고 있기 때문에 우리는 세상 만물이 어떻게 작동하는지 이해할 수 있을 뿐만 아니라 일상생활을 지탱하는 기술에서 그 이해를 어떻게 활용할 수 있을지도 파악할 수 있게 되었다.

법칙과 현상

애덤 댄트의 위대하면서도 유쾌한 그림은 우리의 모든 행동에서 과학 법칙law과 현상phenomenon이 튀어나오는 온갖 방식들을 보여준다. 법칙과 현상을 구분하는 것은 미묘한 일이다. 현상이란 우주에서 뭔가가 일어나거나 존재하는 것이다. 어떤 개체(예를 들면 별)에서부터 뭔가가 발생하는 메커니즘(예를 들면 유체가 여기저기 흘러다니는 방식 또는 생명 그 자체)에 이르기까지 무엇이든 현상이 될 수 있다. 과학 법칙은 다른 현상들을 연결하는 구조를 기술하는 하나의 방식이다.

인간이 고안한 법체계와는 달리 우주에는 특정한 상황에서 무엇을 예상할 수 있는지 정확하게 들여다볼 규범집이 없다. 대신 과학 법칙은 자연에서 반복되는 양상을 반영하려는 하나의 시도이다. 미국의 위대한 물리학자인 리처드 파인먼은 이렇게 말했다. "자연의 현상 사이에는 우리 눈에는 명확하게 보이지 않는, 오직 분석을 통해서만 볼 수 있는 그런 리듬과 양상이 있다. 우리가 물리법칙이라 부르는 것은 바로 그런 양상들이다."

우리가 법칙이라고 기술하는 것은 종종 무슨 일이 일어날지를 예상하는 것에 관한 수학적 설명이다. 어떤 법칙은 관찰로 얻은 실용적인 결과이다. 따라서 우리는 동물의 체중과 에너지 소비량을 관련짓는

클라이버의 법칙도 만나게 될 것이다. 여기에는 어떤 이론도 없다. 그런 법칙들은 "우리는 이런 것들을 아주 많이 관찰했고, 이들은 대체로 이렇게 행동한다"라는 식으로 말한다. 다른 법칙, 특히 물리법칙은 이론에서 유도되며 특정한 한계 안에서 일관되게 작동한다. 예를 들어 뉴턴의 운동법칙은 물체가 너무 빨리 움직이고 있지 않는 한, 그 물체가 어떻게 움직이는지를 정확하게 기술한다.

이 책의 구성

이 책의 각 그림은 부엌에서 시작해 집을 거쳐 정원, 과학관, 병원, 광장, 거리, 교외, 해안지대, 대륙, 지구, 태양계, 그리고 대우주까지 한 발 한 발 바깥으로 움직이며 우주로 확대해갈 때 보이는 특정한 수준을 다룬다. 애덤의 상상력 덕분에 몇몇 장소는 예상을 벗어난다. 각각의 그림에서는 다양한 행동과 특징적인 개체 뒤에 숨어 있는 46개의 서로 다른 법칙과 현상을 발견할 수 있을 것이다. 법칙은 '▨', 현상은 '◉'으로 표기했다.

다루고자 하는 각 항목은 그림에서 더 자세하게 끄집어내 설명한다. 이렇게 짧은 글 조각 속에 담을 수 있는 정보량에는 한계가 있다. 그 결과 아주 복잡한 개념일 수도 있는 부분에서는 세세한 사항들을 생략해야만 했다. 여러분은 대부분 그 주제에 대해 인터넷에 검색하면 더 많은 것을 알 수 있다. 예를 들어 양자역학의 어떤 면에 대해서는 과학자들조차 대체 무슨 일이 일어나고 있는지 이해하려고 여전히 머리를 맞대고 분투하고 있다. 마찬가지로, 과학의 세계는 언제나 엄청난 규모로 항상 변화하기 때문에 모든 주제를 담아낸다는 것도 불가능하다. 그렇기는 해도 여기서 다루는 주제는 이 책의 출판 당시의 과학 지형을 대표한다.

이 책의 그림과 짧은 핵심 설명을 통해 우리는 우리가 행동하고 경험하는 모든 것에서 과학 법칙에 의해 유도되고 연결되는 과학 현상을

목격하고 그 방식을 알게 될 것이다. 과학은 단지 우리가 학교에서 행하는 무언가, 또는 전문가들이 실험실에서 수행하는 무언가가 아니다. 과학은 세상 만물이 작동하는 방식의 정수이다. 새뮤얼 존슨은 이런 유명한 말을 남겼다. "런던에 싫증이 나면 인생에 싫증이 난 것이다." 과학에 아무런 관심도 없다고 말하는 사람이라면 누구라도 인생과 우주, 세상 만물에도 아무런 관심이 없다고 말하는 것과 같음을 이 책을 통해 알게 될 것이다.

주요 인물

이 책의 부록에서는 '판도를 뒤바꾼 사람들'인 13명의 과학자를 찾아볼 수 있다. 이들은 세상 만물이 어떻게 작동하는지를 과학적으로 이해하는 데 중대한 영향을 미친 주요 인물들이며, 장마다 이들이 한 명씩 있다(각 그림에 해당 인물이 등장한다). 과학 명예의 전당에 누군가를 후보로 올리려는 시도는 어떻게 하든 어려운 일이라 난처해지기 마련이다. 이들 인물을 고를 때 나는 유명한 사람과 덜 유명한 사람을 섞으려 했는데, 선택된 인물 모두는 우리의 우주가 어떻게 작동하는지를 이해하는 데 한 발 더 내딛게 해준 사람이었다.

이 과학자들은 근본적인 법칙과 현상들에 대한 통찰력을 우리에게 제시해주었기 때문에 대부분 20세기 이전에 살았다. 1900년 이후 과학적인 돌파구가 엄청나게 많았지만, 양자역학과 카오스 이론 같은 몇몇 분야를 빼고는 그 기초들이 이미 확립되어 있었다. 그래서 13인의 주요 인물 중 여성은 단 2명뿐이다. 만약 우리가 지난 50년 동안의 선도적인 과학자를 찾아보았다면 그 비율은 아주 달랐을 것이다. 20세기 이전에도 과학 지식에 이바지한 여성들이 많았지만 그 당시의 문화적인 제한 때문에 과학 분야에서 여성의 비율은 훨씬 더 낮았다. 고맙게도 지금은 상황이 바뀌었다.

과학의 아름다움

《그림으로 보는 모든 순간의 과학》은 두 가지 상호보완적인 수준에서 즐길 수 있다. 이 책에는 애덤 댄트의 놀라운 그림들이 모여 있다. 저우드 드로잉상Jerwood drawing prize을 받은 애덤의 대가적 면모가 드러나는 이 그림들은 풍성하면서도 규모가 크다. 애덤의 그림은 예술작품 그 이상이다. 더 깊이 들여다보면 각 그림은 과학과 기술의 많은 면이 어떻게 결합하여 우리가 살고 있는 우주와 우리의 관계를 확립하는지 다층적으로 보여준다.

19세기 영국의 시인 존 키츠는 뉴턴을 두고 자연의 아름다움을 단순한 수학으로 환원시켜 '무지개를 풀어헤친' 죄를 지었다고 불평한 것으로 유명하다. 그러나 애덤의 그림이 보여주듯이 과학과 아름다움 사이를 나누는 선 따위는 없다. 과학적 이해 덕분에 우리는 자연의 찬란함을 감상할 수 있고 동시에 그 모든 것이 어떻게 작동하는지 더 잘 느낄 수 있다. 그게 그렇게 나쁜 것은 아니지 않은가.

브라이언 클레그

부엌

The Kitchen

부엌
The Kitchen

샤를의 법칙 ☐

기체의 부피는 일정한 압력에서
그 온도에 비례해 커지거나 작아진다.
케이크 속의 공기 거품은 데워지면
부피가 커져 케이크의 식감이
푹신해진다.

패러데이의 유도법칙 ☐

회로에 유도되는 전압은 그 회로를
가로지르는 자기장의 세기가 변하는
비율에 좌우된다. 조리기가 냄비에
전류를 유도해 냄비를 데운다.

열역학 제1법칙 ☐

어떤 계의 내부 에너지의 변화는
공급된 열 빼기 그 계가 주변에 한 일
만큼이다. 조리기의 열이 냄비의
에너지를 증가시킨다.

게이뤼삭의 법칙 ☐

기체의 온도는 압력에 따라 변한다.
냉장고에서 냉매(냉장고를 차갑게
유지하는 화학물질)는 압축되었다가
팽창하면서 열을 내부에서 냉장고
뒤편의 방열기로 전달한다.

줄의 제1법칙 ☐

전기 기구가 발생시키는 열은
그 저항 및 전류의 제곱에 비례한다.
이것이 전기 토스터가 작동하는
기본 방식이다.

열역학 제2법칙 ☐

닫힌계에서 엔트로피는 같은 값을
유지하거나 증가한다. 엔트로피는
계의 부분들을 배열할 수 있는
경우의 수이다. 깨진 도자기는 배열할
수 있는 더 많은 방법을 갖고 있으며
엔트로피를 증가시킨다.

열역학 제0법칙

두 계가 제3의 계와 열적 평형상태에 있으면 이 두 계는 서로 열적 평형상태에 있다. 이 때문에 온도계로 온도를 비교할 수 있다.

모세관 현상

액체는 주변을 둘러싼 물질의 측면에 끌어당겨지기 때문에 중력을 거슬러 좁은 틈 속으로 흐른다. 모세관 현상 덕분에 키친타월이 엎질러진 액체를 흡수할 수 있다.

산-염기 반응

산과 염기는 한 화합물에서 또 다른 화합물로 한 쌍의 전자를 전달함으로써 반응한다. 식초(아세트산)와 베이킹파우더(염기성인 탄산수소나트륨 함유)가 반응하여 이산화탄소를 내뿜는다.

초점선

액체 표면의 반사와 회절은 밝은 빛의 곡선을 만들 수 있다. 이는 종종 액체가 담긴 컵이나 그릇에서 볼 수 있다.

단열 팽창

에너지가 열 대신 일로 방출되는 반응. 알갱이 속의 물이 증기로 바뀌며 기체가 팽창하면서 낟알을 부풀리고 온도를 감소시킨다.

응집력

분자가 같은 물질의 또 다른 분자에 끌어당겨질 때 분자들은 서로를 잡아당긴다. 코팅된 음료 용기처럼 반발력 있는 표면에서는 응집력 때문에 거의 구형에 가까운 액체방울이 만들어진다.

창자 가스 소리(꾸르륵 소리)

위의 음식물이 근육 수축에 의해 소장 속으로 밀려나갈 때 나는 우르릉거리는 소리.

전도

어떤 물질 속에서 빨리 움직이는 분자가 다른 분자와 부딪혀 그들을 움직이게 하면 열이 이쪽에서 저쪽으로 흐른다. 오븐 장갑은 금속 쟁반에서 사람 손으로 열이 전도되는 것을 막아준다.

대류 ◉

더 따뜻한 분자는 속력이 더 빨라서 유체의 밀도를 낮추므로 따뜻한 공기는 위로 움직인다. 따뜻한 공기가 그릴에서 나온 연기 입자들을 연기 감지기까지 위로 운반한다.

공유 결합 ◉

많은 화합물은 공유 결합으로 서로 붙들려 있다. 공유 결합에서는 바깥쪽 전자들을 원자들이 공유한다. 설탕 속의 화합물인 수크로오스Sucrose에는 이런 결합이 많다.

용해 ◉

고체가 녹으면 고체 분자들 사이의 결합이 깨진다. 찻잔의 뜨거운 물은 설탕을 녹이는데, 물 분자들이 설탕 자신보다 설탕 분자들을 더 잘 끌어당기기 때문이다.

맴돌이 전류 ◉

전류는 종종 회로를 따라 흐르지만, 도체 속에서 소용돌이 모양으로 유도될 수 있는데, 이를 맴돌이 전류라 한다. 인덕션 조리기는 냄비 바닥에 맴돌이 전류를 형성시켜 냄비를 데운다.

전기장 발광 ◉

반도체 같은 물질은 전기가 그 속을 지나갈 때 빛을 낸다. 조명시계의 LED는 전기장 발광을 한다.

유화액 ◉

정상적으로 섞이지 않는 액체들이 균질한 유체를 형성할 수 있다. 균질 우유 속에는 유지방이 아주 작은 방울로 쪼개져 물과 함께 유화액을 형성한다.

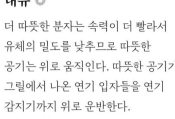

효소 가수분해 ◉

효소는 화학반응을 촉진하는 촉매이다. 빵을 씹으면 침 속의 효소 아밀레이스Amylase가 녹말을 당으로 분해하고 물을 추가해 소화를 돕는다.

지수 성장 ◉

매시간 두 배씩 증가하는 것같이 주기마다 똑같은 배수로 증가하는 성장. 썩은 과일 속 세균은 두 배씩 급속하게 증가한다.

발효 ⊙

발효는 세균이나 효모 같은 미생물이 탄수화물을 알코올, 젖산, 이산화탄소로 분해할 때 일어난다. 효모가 맥아 속 녹말을 분해하면 맥주가 만들어진다.

이온 결합 ⊙

원자들에게 서로 끌어당기는 전기전하를 부여하는 이온들(전자가 과하거나 모자란 원자) 사이의 결합. 차에 넣은 소금은 나트륨과 염소 이온 사이에 이온 결합이 이루어져 있다.

강자성 ⊙

강자성으로 작동하는 영구 자석은 그 구조 속에 아주 작은 결정들이 정렬돼 있어 이들의 자기장이 서로 더해진다. 냉장고 자석은 작은 강자성체들을 결합해 금속 냉장고에 붙어 있을 수 있다.

무지갯빛 ⊙

다른 표면들에서 반사된 빛이 간섭을 일으키는 얇고 투명한 층에서 만들어진 색깔. 부엌 싱크대에 있는 비누 거품의 색깔이 무지개색이다.

형광 발광 ⊙

어떤 물질이 다른 광원(종종 더 높은 에너지의 광원)으로 유도된 뒤에 빛을 내뿜는 현상. 백색 LED 광에서는 그 속의 청색광이 형광 코팅을 자극해 백색광을 발산한다.

잠열 ⊙

어떤 물질이 끓을 때 열을 가하면 더 이상 온도가 올라가지 않고 액체가 증발한다. 냄비 속 끓는 물은 섭씨 100도에 머물러 있다.

마찰 ⊙

움직임을 저지하는, 표면들 사이의 상호작용. 남자가 신고 있는 고무창 구두의 거친 표면이 바닥의 작은 돌기들을 붙잡기 때문에 남자는 미끄러지지 않고 안전하게 쟁반을 옮길 수 있다.

라이덴프로스트 효과 ⊙

액체가 끓는점보다 뜨거운 표면 위에 있을 때, 증기로 이루어진 층이 만들어지는 효과. 그림 속 조리대 위에서 작은 물방울들이 표면을 가로질러 춤을 추고 있다.

마이야르 반응

여러 식료품에서 열이 당과 아미노산 사이의 반응을 일으켜 음식을 갈색으로 만들고 맛있는 냄새를 만들어내는 반응. 구이용 고기를 오븐에 넣고 가열하면 이 반응이 나타난다.

비뉴턴 유체

점도가 일정하지 않은 유체. 이것은 압력을 가하면 두꺼워지거나 얇아진다. 케첩 병을 두드리면 그때 생기는 압력파 때문에 케첩이 더 잘 흘러나온다.

메니스커스

많은 유체 분자는 자신보다 용기의 벽에 더 강하게 들러붙기 때문에 분자들이 용기를 타고 오른다. 유리잔 속 물의 표면은 메니스커스 때문에 오목한 모습이다.

오스트발트 숙성

작은 결정이 녹아 더 큰 결정으로 재형성되는 현상. 녹은 아이스크림을 다시 얼리면 오스트발트 숙성이 일어나 식감이 떨어진다.

금속 결합

금속 내부에서는 원자 격자들이 결합하면서 전자들이 자유롭게 움직인다. 이 자유전자는 콘센트에서 라디오로 전류를 흐르게 한다.

포물선궤도

물체가 전방 상향으로 내던져지면 중력에 의해 포물선 곡선을 그리며 떨어진다. 그림 속 던져진 체리도 포물선궤도를 따른다.

무아레 무늬

빛이 완전히 똑같지 않은 두 개의 격자 속을 지나갈 때 밝은 부분과 어두운 부분으로 이루어진 간섭무늬가 형성된다. 전등갓 두 면의 격자가 이런 무아레 무늬를 만든다.

연동운동

근육수축의 파동이 음식물을 인체의 위장계로 밀어넣는다. 빵을 씹어 먹으면 연동운동이 이것을 위로 운반한다.

양자 도약

원자 주위의 전자는 방출하거나 흡수하는 광자(빛의 입자)의 에너지에 따라 양자 도약이라 불리는 점프로 에너지 준위를 바꾼다. 전구 속 전자가 양자 도약을 할 때 전등은 빛을 낸다.

전분 호화

열과 함유 수분이 녹말 분자의 공유 결합을 깨서 식감을 더 부드럽게 한다. 감자를 구우면 이 과정 때문에 감자 살이 더 폭신해진다.

복사

전자기 복사로 열을 전달할 수 있다. 대부분은 적외선에서 효과적이다. 방열기는 주변에 복사로 열을 전달한다.

강한 상호작용

양성자와 중성자의 구성요소인 쿼크를 결합시키고, 또 그 밖으로 새어 나와 원자핵을 서로 붙들고 있는 힘. 새에서부터 공기에 이르기까지 모든 물질은 강한 상호작용에 의지해 안정된 상태를 유지한다.

레일리-베르나르 대류

액체를 아래에서부터 가열하면 열은 순환 세포 속에서 위쪽으로 흐르며 찌개 표면에 무늬를 만든다.

도파관

최소한의 에너지 손실로 파동을 유도하는 구조물. 전자레인지의 직사각형 금속관이 마이크로파를 발진기에서 조리실까지 유도한다.

포자 형성

균류, 식물, 조류, 원생동물에서 흔히 볼 수 있는, 포자 생성에 의한 생식. 곰팡이는 공기 중에 퍼져 있는 균 포자가 썩은 과일 등에 붙어 자라는 것이다.

약한 중력

중력은 자연에서 가장 약한 힘으로, 전자기력보다 1조의 1조의 1조 배 더 약하다. 냉장고 자석의 전자기력은 지구 전체가 중력으로 당기는 힘보다 더 강력하다.

집

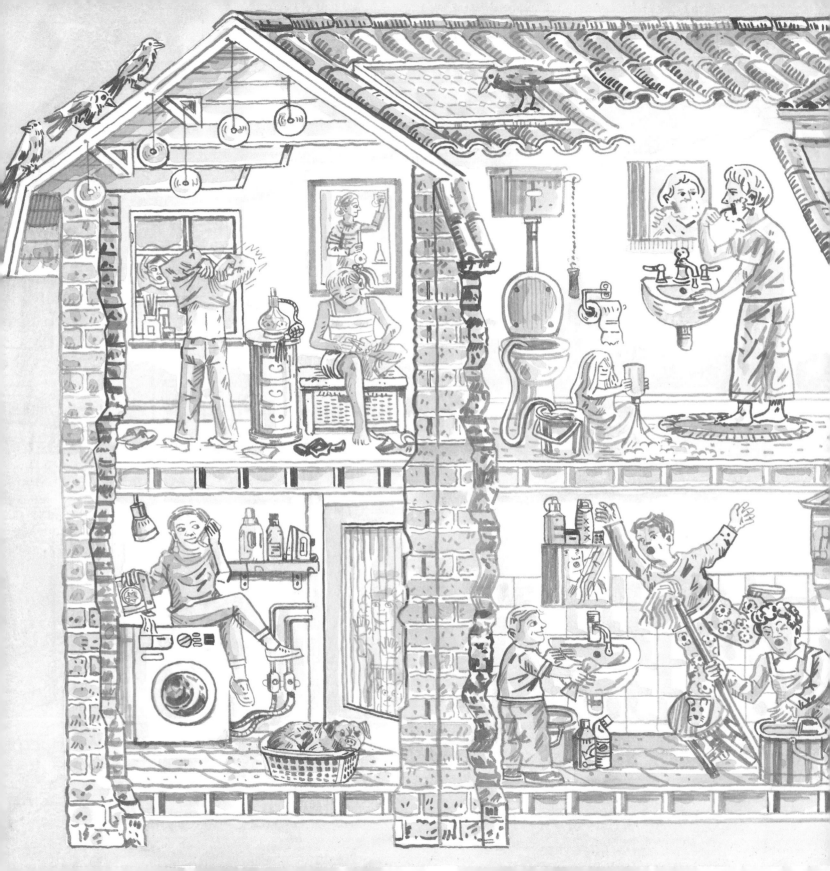

집
The House

앙페르 법칙 ☐

전류가 흐르는 두 도선 사이의 당기는 힘을 기술하는 법칙. 세탁기는 이 힘에 기초한 솔레노이드 밸브를 이용해 세탁기로 흘러 들어가는 물을 조절한다.

열역학 제2법칙 ☐

이 법칙은 엔트로피의 변화를 기술할 뿐만 아니라(12쪽 참고) 에너지가 계에 투입되지 않으면 열은 더 뜨거운 물체에서 더 차가운 물체로 전달된다는 것을 보여준다. 커피의 열은 주변을 둘러싼 공기 속으로 흩어진다.

로런츠 힘 법칙 ☐

전류가 어떻게 자석으로 행동하는지를 보여준다. 세탁기 속 모터와 같은 전기모터를 움직이는 기본 원리이다.

산 ☐

산은 다른 원자로부터 전자쌍을 받아들이거나 초과분의 양성자(수소 이온)를 내놓는 식으로 작용한다. 식초나 포름산 같은 산은 이러한 반응으로 석회자국(탄산칼슘)을 제거한다.

파스칼의 원리 ☐

용기에 담긴 유체의 일부에 가한 압력이 나머지 유체에 전달되는 방식과 관계가 있다. 이것으로 유압 승강기의 작동 원리나 샴푸 용기를 짜면 어떻게 샴푸가 뿜어져 나오는지도 설명할 수 있다.

알칼리 ☐

물에 녹는 염기인 알칼리는 다른 원자에 전자쌍을 내놓거나 양성자를 받아들이는데, 예를 들어 수산화이온에 양성자를 붙여 물을 만들어내는 식으로 작용한다. 세제용품은 알칼리를 포함하고 있어 기름과 반응해 비누 같은 물질을 만들어낸다.

정전식 터치 스크린

스크린 표면 아래 부품의
정전 용량(전기 전하를 저장하는 능력)이
바뀌면서 손가락의 위치를 감지하는
터치 스크린.

촉매

촉매는 자기 자신은 소모되지 않으면서
화학 반응 속도를 증가시킨다.
생물학적인 세제에서는 효소라 불리는
자연발생 촉매가 얼룩을 제거하는 데
도움을 준다.

무게중심

중력을 받는 물체는 마치 그것의
모든 질량이 이 한 점에 집중된
것처럼 행동한다. 소년의 무게중심이
한쪽으로 쏠려 소년이 넘어진다.

치리오스 효과

아침식사 대용 시리얼에서 딴
이름으로, 유체에 떠 있는 작은
물체들이 서로 끌어당기는 경향을
말한다. 이는 표면 장력에 의해 표면의
일부가 다른 부분보다 더 높아지기
때문에 발생한다. 그 결과 오리들이
함께 몰려 떠다닌다.

굴뚝 효과

굴뚝 바닥의 온도가 더 높기 때문에
공기를 위로 올라가게 하면서 그 속의
연기를 끌어올린다.

응결

표면이 충분히 차가우면 공기 중의
수증기가 닿았을 때 그것을 응결시킨다.
창문은 바깥과 맞닿아 차가워져서
김이 많은 욕실 공기로부터 물방울을
응결시킨다.

우주선宇宙線

지구는 우주선이라 불리는
큰 에너지를 가진 입자들의 폭격을
외계로부터 끊임없이 받고 있다.
이들 대전 입자 중 하나가 컴퓨터의
메모리나 프로세서를 관통하면
어떤 값을 바꿀 수 있고 컴퓨터를
망가지게 할 수도 있다.

용해

목욕 소금의 분자들은 상대적으로
결합이 약하기 때문에 뜨거운 물에서
쉽게 쪼개진다(14쪽 참고).

전자기

원자는 거의 완전히 텅 빈 공간이다. 원자들 속 대전 입자 사이의 전자기적 반발력 때문에 물체는 서로를 관통해 지나가지 못한다. 강아지는 진자기력으로 인해 바닥을 뚫고 떨어지지 않는다.

되먹임 효과

계의 상태에 관한 정보가 그 상태를 수정하는 데 사용되는 일. 온도가 중앙난방 자동온도조절 장치에 설정된 값에 이르면 온도가 떨어질 때까지 부일러가 차단된다.

홍반

염증이나 상처 때문에 혈류가 증가해 피부가 붉어지는 현상. 대걸레 양동이 속의 뜨거운 물 때문에 사람 손이 붉어진다.

파이겐바움 상수

자연의 상수. 어떤 카오스계에서는 가능한 양태수가 반복적으로 증가하는데, 그렇게 갈라지는 순간들 사이의 시간이 이 숫자만큼 줄어든다. 수압이 세질수록 수도꼭지에서 물이 떨어지는 주기가 이 상수에 따라 변한다.

증발

액체 표면에서는 빨리 움직이는 분자들이 분자 사이의 인력으로부터 탈출해 증기를 만든다. 물이 뜨거우면 분자들이 더 빨리 움직이는데, 이때 상당한 증발이 발생한다.

단열

열 손실을 막기 위해 열전도율이 낮은 물질을 사용하는 것. 이중 유리창에서 유리면 사이의 공기 틈은 단열재로 작용한다.

증발냉각

액체가 표면에서 증발하면 에너지가 빠져나가서 표면의 온도를 낮춘다. 물기에 젖은 사람이 증발냉각 때문에 떨고 있다.

카예 효과

측면 응력으로 깔끔하게 분리되는 액체는 어떤 표면에 쏟아질 때 잠깐 동안 위쪽으로 분출된다. 샴푸를 짤 때 카예 효과를 볼 수 있다.

액정液品

액체와 결정체 사이의 중간 상태인 물질. 전압을 가했을 때 몇몇은 편광을 바꿔 투과되는 빛의 양을 제어할 수 있다. 태블릿 화면은 액정 기술을 기반으로 한다.

맥스웰의 색 삼각형

서로 다른 농도의 빨간색, 초록색, 파란색이 섞여서 어떻게 가능한 모든 색을 만들어내는지를 보여준다. 스마트폰의 컬러화면은 빨간색, 초록색, 파란색이 조합된 화소를 사용해 색을 만들어낸다.

기계적 확대율

지렛대 같은 기계가 만들어내는 힘의 증폭 정도를 나타내는 비율. 핀셋은 제3종 지렛대로서 기계적 확대율이 1보다 작다. 힘이 가해지는 지점이 결과로서의 움직임이 나타나는 곳보다 지렛대 받침에 더 가깝기 때문이다.

불투명함

빛이 물질에 흡수돼 같은 방향으로 진행하도록 재방출되지 않으면 물질을 통과해 지나갈 수 없다. 수건의 직물은 불투명하기 때문에 그 속에 있는 것이 보이지 않는다.

부분 반사

투명한 물질에 부딪힌 광자들 몇몇은 반사되고 나머지는 관통해 지나간다. 이는 양자효과이다. 광자 대부분은 창문을 관통하지만 몇몇은 뒤로 반사된다. 반대편이 상대적으로 어두우면 반사된 모습을 볼 수 있다.

광전 효과

어떤 물질, 특히 반도체는 빛에 노출되었을 때 전류를 만들어낸다. 태양광 패널은 햇빛으로부터 전기를 만든다.

최소작용의 원리

날아가는 물체의 자유운동은 작용이라 불리는 성질을 최소화한다. 이는 운동에너지(움직일 때의 에너지)와 위치에너지(저장된 에너지) 사이의 차이에 좌우된다. 샤워기에서 나오는 물방울들의 경로는 이 원리를 따른다.

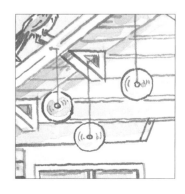

QED 반사

빛과 물질의 상호작용에 대한 이론인 양자전기역학Quantum Electro Dynamics, QED에 따르면, 일부 조각이 빠진 거울은 특이한 각도로 빛을 반사한다. CD는 이상한 각도에서 무지갯빛을 반사하는데, 음악을 저장하는 디스크의 홈들이 반사되는 빛의 일부분을 가로막기 때문이다.

양자 터널 효과 ◎

전자와 광자 같은 양자 입자들은 그 위치가 확률적이기 때문에 어떤 장벽을 관통하지 않고서도 장벽의 다른 편에 나타날 수 있다. 저장장치는 플래시 메모리에 정보를 저장하기 위해 양자 터널 효과를 이용한다.

방사능 ◎

원자핵이 너무 크면 붕괴되며 더 작은 부분으로 쪼개지고 방사능이라고 알려진 과정을 통해 입자들을 방출한다. 연기 감지기는 방사능 입자들의 이러한 이온화 효과를 이용해 연기를 감지한다.

잔향 ◎

소리가 즉시 소멸하지 않고 표면에서 반사되면 그 소리를 더 오래 들을 수 있다. 이 남자의 목소리는 타일을 붙인 단단한 표면 덕분에 잔향을 갖게 된다.

샤워커튼 효과 ◎

샤워기를 틀면 샤워커튼이 안쪽으로 부풀게 된다. 이는 물의 흐름이 공기압을 낮추기 때문이다. 샤워 중인 남자 쪽으로 커튼이 움직인다.

사이펀 ◎

중력과 압력의 변화를 이용해 높은 곳에서 중간의 높은 지점을 지나 낮은 곳으로 액체를 이동시킨다. 변기에서도 이 현상이 일어난다. 어떤 변기는 U자 관으로 물을 흘려보내기 위해 사이펀 작용을 이용한다.

정반사 ◎

빛이 거울에 반사되는 것과 같은 고전적인 파동의 반사로, 입사하는 빛과 똑같은 각도로 반사한다. 새가 창문에서 정반사된 모습을 보고 있다.

강한 상호작용 ◎

강한 상호작용은 원자핵 속에서 양성자와 중성자를 구성하는 쿼크들을 결합시킨다. 물질의 질량 대부분은 강한 상호작용의 에너지에서 비롯된다. 이 남자의 몸무게는 대부분 그를 이루는 원자 속의 강한 상호작용에서 비롯된 것이다.

표면 장력 ◎

물과 같은 액체 속 분자들은 서로 끌어당긴다. 그 표면에서는 액체의 몸통 쪽으로 더 끌어당긴다. 그 결과 표면 면적은 최소화된다. 이 때문에 수도꼭지에서 물방울이 형성된다.

온도

물질의 열에너지를 나타내는 척도.
원자나 분자가 더 빨리 움직이거나
더 많이 진동할수록 온도가 더 높아진다.
욕조의 뜨거운 물속에서는 분자들이
더 빨리 움직인다.

벤투리 효과

유체가 잘록한 부분을 관통할 때
압력은 떨어지고 속도는 증가한다.
향수병은 벤투리 효과로 미세한
방울들을 뿜어낸다.

반투명

반투명 물질은 빛을 통과시키지만
광자들을 산란시켜 반대편의 선명한
상이 보이지 않게 한다. 서리가 낀
유리는 반투명하다.

허상

거울 속 상은 만질 수 없지만, 반사된
물체가 거울 면에서 떨어져 있는 것과
똑같은 거리로 거울 뒤에 있는 것처럼
보인다. 면도하는 남자의 반사된 상이
거울 뒤에 있는 것처럼 보인다.

투명

투명 물질은 빛을 심하게 산란시키지
않고 통과시킨다. 상대적으로
그 원자들에 의해 흡수되거나 새로운
방향으로 재방출되는 광자들은 거의
없다. 유리가 투명한 것도 이런 이유
때문이다.

소용돌이

중심축 주변으로 회전하는 유체의
흐름. 배수구로 흘러 내려가는 물은
소용돌이를 만든다(그러나 그 방향이
지구상의 위치에 좌우된다는 것은
미신이다).

마찰전기 효과

물질을 문질러서 생기는 전기. 이런
식으로 원자의 바깥쪽에서 전자를
쉽게 없앨 수 있다. 남자가 입은
셔츠의 인공섬유는 마찰전기를
일으켜 옷을 벗을 때 작은 전기 충격을
일으킨다.

바퀴와 축

바퀴와 축은 바퀴 바깥쪽에 가해진
힘을 증폭시킨다. 휴지를 당기면
축에 충분한 힘이 가해져 휴지심이
돌아가지만, 휴지 아래로 작용하는
힘이 휴지를 찢지는 않는다.

정원

The Garden

정 원
The Garden

아보가드로 법칙

같은 온도와 압력에서는 같은 부피의 기체가 같은 수의 분자를 갖는다는 법칙. 풍선 속의 헬륨 분자는 공기 속 기체들의 분자들보다 더 가볍기 때문에 부피당 같은 수의 분자가 있다면 풍선은 떠오른다.

브루스터 법칙

이 법칙에 따르면 빛이 어떤 특별한 각도로 물질에 부딪히면 편광된 빛만 반사된다. 이는 빛이라는 파동이 진행될 때 고정된 방향에서 옆으로만 움직이는 빛이다. 풀장에서 반사된 빛은 편광된다.

분젠-로스코 법칙

이 법칙에 따르면 빛에 민감한 물질의 반응은 빛의 세기와 노출 시간에 좌우된다. 땅거미가 질 때 뭔가를 자세히 살펴보기 위해서는 눈이 충분한 빛을 받아들이기 위해 분투하게 된다.

운동량 보존

운동량(물체의 질량에 속도를 곱한 것)은 보존법칙을 만족한다. 어떤 계의 총운동량은 보존된다. 그네를 타는 소녀가 누군가와 부딪히면 소녀는 운동량을 잃게 되고 소녀에게 부딪힌 사람은 운동량을 얻는다.

열역학 제1법칙

이 법칙에 따르면 어떤 계의 에너지는 보존된다. 소녀가 영양분으로부터 얻는 화학에너지, 원자들 사이의 전자기적 인력에 의한 에너지는 운동에너지(움직일 때의 에너지)와 위치에너지(그네가 높이 올라갈 때의 중력에너지)로 바뀐다.

게이뤼삭의 법칙

부피가 고정된 경우 기체의 압력이 온도에 따라 변한다는 것을 말한다. 폭죽에 불이 붙으면 갇혀 있던 기체가 급격하게 데워져 온도가 높아지고 그 용기를 폭발로 날려버린다.

훅의 법칙 □

용수철이 너무 많이 늘어나지 않는다면, 용수철을 늘리는 데 필요한 힘이 용수철이 늘어난 거리와 함께 증가함을 뜻한다. 새총을 뒤로 더 많이 당길수록 소년은 더 세게 당기고 있어야 한다.

동소체

서로 다른 구조와 성질을 갖는 화학원소의 변종. 바비큐 숯은 다이아몬드와 흑연처럼 탄소의 동소체 중 하나이다.

르샤틀리에 원리 □

종종 균형의 법칙으로도 불린다. 실제로 어떤 계에 변화가 생기면 그 변화를 감소시키려고 작동하는 반작용이 일어난다. 병을 흔들면 그 속의 기체의 압력이 증가된다. 병을 열면 액체가 뿜어져 나와 압력이 감소된다.

비등방성 □

물체의 물리적 성질이 방향에 따라 달라지는 것. 나무는 비등방적이기 때문에 나뭇결을 따라 장작을 패면 더 쉽다.

뉴턴의 제3법칙 □

이 법칙에 의하면 모든 작용에는 크기가 같고 방향이 반대인 반작용이 있다. 폭죽로켓은 추진제를 뒤로 폭발시킨다. 그 결과 로켓은 하늘로 밀쳐진다.

흑체 복사 □

흑체는 자신에게 부딪히는 모든 빛을 흡수하는 물체인데, 그런 물체는 데워졌을 때 특정한 색의 빛을 방출한다. 바비큐에서 이글거리는 석탄은 흑체 복사와 흡사하다.

열역학 제2법칙 □

이 법칙에 의하면 열은 더 뜨거운 물체에서 더 차가운 물체로 이동한다. 이 경우 열은 뜨거운 소시지에서 사람 손으로 이동한다.

공동현상 □

액체 속의 거품이 꺼지면 강력한 충격파를 형성할 수 있다. 고사리는 이 공동현상을 이용해 빠르게 포자를 방출한다.

화학 발광 ◎

화학반응에 의한 빛의 방출.
야광봉은 내부 용기가 부러지면
화학물질들이 뒤섞여 반응이
시작되는 화학 발광으로 작동한다.

형광 발광 ◎

물체가 빛을 흡수하면 다른
진동수(색)에서 빛을 재방출한다. 이를
형광 발광이라 한다. 어떤 꽃들은 해
질 녘에 생각보다 더 밝게 보이는데,
이는 꽃이 자외선을 흡수해 가시광선
영역에서 형광 발광을 하기 때문이디.

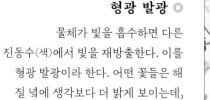

칵테일 파티 효과 ◎

많은 사람이 이야기하고 있는 붐비는
곳에서도 우리의 뇌는 말하는 것을 듣고
분간할 수 있다. 이 효과 때문에 파티
장소가 소란스럽더라도 개개인들은
각자의 대화를 이어갈 수 있다.

녹색 섬광 ◎

태양이 지평선 또는 구름 너머로
질 때 회절이라 불리는 광학효과로
인해 잠깐 녹색 섬광이 발생할 수 있다.
이는 순간적으로 태양 위쪽으로 나오는
빛의 몇몇 색들을 분리해낸다.

반향정위 ◎

소리의 반사를 이용해 물체의 위치를
감지하는 것. 박쥐는 빛이 적은
조건에서 벌레를 잡기 위해 고주파
소리를 방출해서 그 반사를 이용해
벌레의 위치를 감지한다.

배수 ◎

어떤 식물들은 뿌리를 통해 너무
많은 물을 흡수하면 밤에 물방울을
내뿜는다. 잔디와 딸기나무에서
배수를 볼 수 있다.

피보나치 수열 ◎

앞선 두 숫자의 합이 각 항의 숫자가
되는 수열로, 0, 1, 1, 2, 3, 5, 8, 13,
21…로 나열된다. 해바라기 씨는
피보나치 수열의 형태로 배열돼 있다.

배음 ◎

악기는 순수한 음정을 연주하는
경우가 거의 없이 배음을 만들어낸다.
즉, 다른 음역대의 음이 동시에
소리 나면서 악기의 독특한 소리를
만들어낸다. 똑같은 음정도 배음
때문에 색소폰과 건반에서 아주
다르게 들린다.

종파 ◉

진행 방향의 직각이 아니라 진행하는
방향을 따라 주기적으로 변하는 파동.
소리는 악기인 콘서티나concertina처럼
공기가 압축되고 팽창하면서 종파의
형태로 전달된다.

달 착시 ◉

광학적 착시 때문에 달은 실제보다
더 커 보인다. 특히 나무, 건물 또는
지평선 근처에서는 더 그렇다. 이것이
밤하늘 사진 속 달이 놀랍도록
작아 보이는 이유다.

연잎 효과 ◉

일부 천연물질은 그 물질의 표면에서
물을 밀어내 물방울을 만들게
함으로써 그와 함께 먼지를 씻어내는
자기정화 성질을 갖고 있다. 연잎에서
그런 효과를 볼 수 있다.

음압 ◉

한 기체의 압력이 다른 기체의
압력보다 더 낮으면 그 상대적인
압력을 음수로 표현할 수 있다. 소년이
빨대를 빨아들이면 빨대 꼭대기의
압력은 액체 표면의 대기압보다
작아진다. 따라서 이 음압으로 인해
음료가 빨대를 타고 올라간다.

저조도 시야 ◉

저조도에서는 간상체라 불리는
더 민감한 세포가 우세해진다.
색을 감지하는 원추세포와 달리
간상세포는 오직 흑백만 감지한다.
그래서 저녁 무렵에는 사과가 무슨
색깔인지 알 수 없다.

야광운 ◉

하늘 높이 떠 있는 구름은 다른
구름이나 지평선에 가려 시야에서
사라진 태양에 의해 여전히 빛날 수
있다. 이런 구름을 야광운이라 한다.

멘델 유전 ◉

유전이라는 개념은 부모의 형질에
기초를 두고 있다. 멘델은 이 그림과
같은 완두콩을 이용해 멘델 유전의
효과를 확인하는 실험을 수행했다.

수면 운동 ◉

어두워질 때 일어나는 식물의 운동.
그림과 같은 몇몇 꽃잎은 밤에 닫히며
수면 운동을 한다. 이것이 식물에 어떤
이점이 있는지는 아직 분명하지 않다.

삼투 ⊙

액체가 어떤 막의 한쪽에서 다른 쪽으로, 용해된 물질의 농도가 더 높은 쪽으로 이동하는 운동. 식물은 물을 주면 삼투에 의해 흙으로부터 물을 흡수한다.

주광성 ⊙

어떤 기관이 빛을 향해 또는 빛으로부터 멀리 움직이는 현상. 나방은 원래 달빛을 이용해 길을 찾기 때문에 그림 속 촛불의 빛에 이끌린다.

우조 효과 ⊙

어떤 오일이 녹아 있는 알코올에 물을 넣을 때 뿌옇게 흐려지는 현상. 이는 유화액(물속에서 미세한 물방울이 섞여 있는 상태)이 형성되기 때문이다. 우조 효과의 결과로, 파스티스(식사 전에 마시는 술-옮긴이)에 물을 넣으면 하얘진다.

플라스마 ⊙

고체, 액체, 기체 다음, 물질의 네 번째 상태가 플라스마이다. 이는 기체와 비슷하지만 이온이라 불리는 대전 입자들로 구성돼 있다. 이온은 전자를 잃어버리거나 얻은 원자이다. 초의 불꽃에는 플라스마가 풍부하다.

시차 ⊙

서로 다른 거리에 있는 물체들의 겉보기 운동의 차이. 뛰어다니는 아이들에겐 마치 달이 쫓아오는 것처럼 느껴진다. 이는 더 가까이 있는 나무와 울타리가 더 빨리 움직여 지나가는 것처럼 보이기 때문이다.

편광필터 ⊙

편광필터는 특별한 방향으로 편광된 빛(32쪽 브루스터 법칙 참고)을 차단한다. 여성의 선글라스에 있는 편광필터는 반사된 빛의 정도를 감소시키도록 조정되었다.

광전 효과 ⊙

빛을 쪼였을 때 반도체나 금속에서 전류가 생성되는 현상. 야간투시경은 가시광선과 적외선을 모두 받아들여 광전 효과를 이용해 전기신호를 만들고 이를 가시광으로 바꿔 어둠 속에서도 뚜렷하게 볼 수 있게 해준다.

자기조직화 임계성 ⊙

어떤 계는 자연적으로 급격한 변화가 일어나는 임계점에 도달한다. 모래 더미는 자기조직화 임계성을 보여준다. 모래 더미가 너무 높을 때 모래알이 더해지면 갑자기 무너진다.

자기유사성

프랙털로 알려진 구조는
자기유사성을 갖고 있다.
자세히 들여다보면 각 세부는
전체 구조와 닮았다. 고사리는
엽상체가 고사리 식물 자체와 닮아
자기유사성을 갖고 있다.

슈퍼문

달이 공전궤도상 지구에 가장 가까운
지점에 있을 때 만월이면 약 14퍼센트
더 커 보인다. 이를 슈퍼문이라 부른다.
슈퍼문은 달 착시(35쪽 참고)를
증폭시킨다.

분광학

물질을 데우면 방출하는 빛의 색깔로
그 속의 화학원소를 확인할 수 있다.
그런 분광 효과 때문에 폭죽 제작사는
적당한 화합물을 이용해 다른 색깔의
불꽃을 만들어낼 수 있다.

표면 장력

물 분자들은 서로를 끌어당긴다.
이는 방해 요소가 없다면 물 분자들이
구형의 방울을 형성하려는 경향이
있음을 뜻한다. 물 표면의 분자들이
나머지 분자들에 느끼는 인력을 표면
장력이라고 한다. 표면 장력으로 인해
소녀의 코에 물방울이 맺힌다.

정상파

어떤 구조물에서는 특정 진동수의
정상파가 만들어질 수 있다. 정상파란
이리저리 움직이지 않고 주변 환경의
제한 조건 때문에 한곳에 머물러 있는
파동이다. 연주자의 색소폰은 관
속에서 형성될 수 있는 정상파에 따라
음정을 만들어낸다.

초소수성

어떤 물체는 특히 물을 잘 밀어내는데,
이는 초소수성 때문이다. 소금쟁이
다리의 수많은 털은 물을 밀어내
소금쟁이가 물의 표면 위를 걷는 데
도움을 준다.

일몰

태양이 하늘에서 점점 낮아질수록
그 색은 노르스름한 색에서 붉은색으로
변한다. 이는 빛이 더 많은 공기 속을
관통해 지나가면서 파란빛을 더 많이
흩어버리기 때문이다. 그 결과가
일몰의 붉은 오렌지색이다.

파장

파동은 그 진폭(크기)과 파장(파동에서
비슷한 지점들 사이의 거리)으로
정의된다. 목줄의 끝이 고정돼
있으므로 목줄을 튕겨서 만들 수 있는
가능한 파장은 제한되며 만들어낼 수
있는 음이 그렇게 결정된다.

과학관

The Science Museum

과학관
The Science Museum

보른의 법칙 ▫

이 법칙은 양자역학에서 어떤 입자를 어떤 위치에서 발견할 확률을 결정한다. 일부분이 빠져 있는 거울은 빛 입자가 반사되는 확률을 변화시켜 빛이 예상치 못한 각도로 튕겨 나오게 한다.

화학적 주기성 ▫

어떤 원소의 반응은 그 원자의 가장자리에 있는 전자의 개수에 좌우된다. 전자들은 껍질이라 불리는 층을 쌓아올려 비슷한 원소들이 규칙적으로 반복되는 패턴을 만들어낸다. 그 결과가 주기율표이다.

전하량 보존 ▫

어떤 계의 총전하는 똑같이 유지된다. 밴더그래프 발전기는 금속에서 고무벨트로 전자를 이송해 돔에 전하를 축적한다.

페르미 황금률 ▫

반도체 속의 전자가 광자를 방출하며 에너지를 잃어버릴 확률을 기술한다. 이것이 LED 전구의 밝기를 결정한다.

파울리 배타 원리 ▫

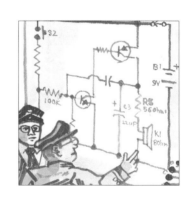

어떤 계의 두 전자는 똑같은 상태(예를 들어 똑같은 위치나 에너지를 가진 상태)에 있을 수 없다. 이 원리가 그림 속 벽면 회로도면에 그려진 컴퓨터 칩의 동작을 규정한다.

입자물리학의 표준모형 ▫

표준모형은 물질 및 중력을 제외한 모든 물리적 힘의 원인이 되는 17개의 입자들을 기술한다. 입자가속기의 충돌에서 수많은 입자가 생성된다.

열역학 제3법칙 ☐

제3법칙은 절대 0도(섭씨 −273.15도)에 이르는 것이 불가능함을 말한다. 냉각기구는 절대 0도에 극도로 가까워질 수는 있으나 결코 그에 이르지는 못한다.

불확정성 원리 ☐

에너지와 시간처럼 짝을 이루는 특성들을 연결하는 양자물리학의 법칙. 하나를 더 정확하게 알수록 다른 하나는 더 잘 모르게 된다. 현미경 아래 금속판들은 에너지 요동이 잠깐 동안 만들어내는 입자들에 의해 힘을 받아 한데 붙게 된다.

비정질 고체 ☐

많은 고체는 결정이지만 몇몇은 패턴 없이 난잡한 구조를 갖는다. 유리는 전형적인 비정질 고체이다.

원자핵 ☐

원자의 질량 대부분은 핵에 집중돼 있다. 그림 속 실험에서 입자를 금속박에 발사하면 몇몇 입자들은 뒤로 다시 튕기는데, 이는 핵의 존재를 보여준다.

원자 구조

원자는 한가운데에 작고 밀도가 높은 원자핵과 바깥쪽에 흐릿한 구름 속에 있는 전자를 가지고 있는데, 원자의 대부분은 빈 곳이다. '태양계' 도식은 정확하지 않다. 전자는 행성처럼 궤도를 돌지 않기 때문이다. 하지만 익숙한 표현 방식이다.

보스-아인슈타인 응축 ☐

이 특별한 물질의 상태는 광자를 기어가게 할 정도로 늦추거나 가두어두기도 한다. 그림 속 실험에서 빛이 보스-아인슈타인 응축 속에 잠시 붙들려 있다.

탄소 연대측정 ☐

탄소는 탄소-14라는 방사성 동위원소를 갖고 있다. 이 원소는 시간에 따라 붕괴한다. 따라서 현존하는 양을 보면 이 원소가 언제 만들어졌는지 알 수 있다. 가속기 질량분석기가 탄소-14의 현존량을 측정한다.

카시미르 효과 ☐

불확정성 원리에 따르면 입자들이 빈 공간에서 잠깐 생겨났다가 사라진다. 그 결과로 생기는 압력으로 인해 아주 가까이 붙어 있는 두 개의 평평한 물체가 서로를 끌어당기게 되는데 이것이 '카시미르 효과'다. 현미경 아래 금속판들이 이 효과를 보여준다.

분지학

분지학은 생물 종을 유전적인 공통 조상에 기초해 분류한다. 그림 속 이 도식은 공통 조상에서 각 종들이 어떻게 갈라져 나왔는지를 보여준다.

도플러 냉각

도플러 냉각에서의 레이저를 이용하면 영 지힝(47쪽 침고)에 필요한 온도처럼 극도로 차가운 온도를 만들 수 있다. 원자는 빛을 흡수해 속력이 느려지고 온도가 감소한다. 그 정도는 원자의 속력에 대한 척도이다.

결정성 고체

많은 고체는 규칙적이고 반복적인 패턴으로 원자들이 서로 연결된 결정체이다. 탄소는 광택이 나는 흑연을 포함해 여러 결정형태가 있다.

$E=mc^2$

아인슈타인은 이 방정식이 기술하는 관계 속에서 물질과 에너지가 서로 교환 가능함을 보였다. 여기서 E는 에너지, m은 질량, 그리고 c는 광속을 의미한다.

연륜연대학

각각의 나이테는 한 해의 성장을 나타낸다. 따라서 나이테를 세면 나무의 연대를 추정할 수 있다. 이는 탄소연대측정을 보정하는 데 사용된다. 나이테는 바깥에서 중심으로 갈수록 더 오래된 것이다.

그래핀

그래핀은 특별한 양자적 성질을 가진 원자 하나 두께의 흑연층으로, 전도성이 극히 좋으며 강력하다. 그래핀은 스카치테이프를 이용해 흑연에서 얇은 층들을 제거함으로써 처음 만들어졌다.

DNA 구조

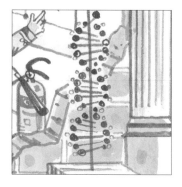

DNA의 역할을 이해하는 데서 결정적인 대목은 그 구조를 규명하는 것이었다. 그림 속 모형은 나선형 계단 같은 DNA의 이중나선구조를 보여준다.

홀로그램

한 쌍의 레이저로 훑어서 만든 3차원 영상. 호랑이는 평평하지만 적절한 조명에서는 3차원으로 보인다.

다세계 가정 ⊙

양자의 기묘함을 설명하려는 시도로, 하나 이상의 가능한 결과물이 존재할 때마다 각각의 결과물이 다른 우주에서 발생한다는 가정. 하나의 우주에서는 고양이가 살아 있고, 다른 우주에서는 죽어 있다(46쪽 슈뢰딩거의 고양이 참고).

양자전기역학QED ⊙

양자전기역학은 빛과 물질 사이의 상호작용에 대한 과학이다. 파인먼 도형은 물질과 빛의 입자들 사이의 상호작용을 보여준다.

마이스너 효과 ⊙

어떤 물질은 절대 0도 가까이 냉각하면 전기저항이 없는 초전도체가 된다. 초전도체는 자기장을 밀어낸다. 따라서 자석이 마이스너 효과로 초전도체 위에 떠다닌다.

양자 얽힘 ⊙

양자 입자들이 어떤 거리에서든 즉각적으로 상호작용하는 현상. 양자 얽힘은 비밀 메시지를 암호화하는 무작위수를 분배하는 데 사용할 수 있다.

메타물질 ⊙

음의 굴절률을 가진 특별한 물질은 물과는 반대 방식으로 빛을 꺾는다. 이런 메타물질은 전문가들의 렌즈와 투명망토에 사용된다. 이는 빛을 물체 주변으로 휘게 한다.

양자 스핀 ⊙

양자 입자는 스핀이라 불리는 성질을 갖고 있다. 이는 회전과 관계가 없다. 스핀을 측정하면 위 또는 아래의 두 방향만 있을 수 있다. 아이들이 양자 스핀을 감지하는 슈테른-게를라흐 실험을 바라보고 있다.

플랑크 상수 ⊙

광자의 에너지를 그 진동수(색)와 연결하는 자연의 상수. 디지털카메라, 태양광 패널, 문 위의 빛 감지기는 광전 효과를 이용한 것들인데 이들은 광자의 에너지로부터 색을 감지한다.

양자 중첩 ⊙

양자 입자는 측정되기 전에 서로 다른 상태에 있을 가능성이 있다. 이것이 상태의 중첩이다. 슈뢰딩거 고양이 실험은(46쪽 참고) 붕괴하는 상태와 붕괴하지 않는 상태가 중첩된 입자가 제어한다.

양자 터널 효과 ⊙

양자 입자는 그 입자를 멈춰 세워야 할 장벽을 관통해 지나갈 수 있다. 왜냐하면 입자가 반대편에 이미 존재할 확률이 있기 때문이다. 그림 속 실험에서 빛은 두 프리즘 사이의 틈으로 관통하고 있다.

슈뢰딩거의 고양이 ⊙

여기 (이론적으로) 방사성 입자, 감지기, 독이 든 병이 들어 있는 상자 안에 고양이가 있다. 입자가 붕괴하면 독이 든 병을 깨뜨려 고양이를 죽인다. 입자는 붕괴했으면서도 붕괴하지 않았으므로 고양이는 죽었으면서도 살아 있다.

쿼크 가둠 ⊙

양성자와 중성자 속에 있는 입자인 쿼크는 강력으로 서로를 끌어당긴다. 강력은 쿼크들이 멀어질수록 더 강해진다. 쿼크는 '갇혀' 있어서 그 자체를 볼 수는 없다. 입자가속기는 이 속박을 깨기 위해 극도로 큰 에너지를 이용한다.

슈뢰딩거 방정식 ⊙

이 방정식은 양자 입자를 서로 다른 위치에서 발견할 확률을 보여준다. 입자의 위치가 확률파동으로 표현되기 때문에 실질적으로는 두 틈을 관통해 간섭을 일으켜 밝고 어두운 영역의 무늬를 만들어낸다.

방사성 붕괴 ⊙

몇몇 원자의 핵은 불안정해서 방사성 붕괴를 통해 부분들로 쪼개져 여러 입자를 만들어낸다. 이것이 핵방사선의 근원이며 슈뢰딩거 고양이 실험의 결과를 촉발한다.

특수상대성이론 ⊙

시간과 공간을 연결하는 아인슈타인의 특수상대성이론에서는 물체가 빨라질수록 시간은 느려지고 질량은 증가한다. 가속기에서 입자는 광속에 가까워지며 이러한 효과가 뚜렷하게 나타난다.

굴절 ⊙

빛의 진행 속력이 다른 물질들 사이를 빛이 지나가면 그 경로가 휘어진다. 물컵에 꽂힌 연필이 굽어 보이는 것은 공기보다 물속에서 빛이 더 느리기 때문이다.

광속 ⊙

광속은 매질 속에서 상수이다. 이는 레이저와 감지기를 이용해 측정한다. 빛은 레이저에서 감지기까지 초속 약 299,700킬로미터로 지나간다.

복사유도방출 ⊙

레이저는 빛의 광자를 이용해 원자 속의 전자 에너지를 끌어올리며, 다른 광자로 그 에너지를 방출하도록 촉발시켜 빛을 증폭한다(복사유도방출을 통한 광증폭, Light Amplication through Stimulated Emission Radiation, LASER).

밴더그래프 발전기 ⊙

고전압 전기를 양산하는 기구. 발전기의 돔과 닿으면 발전기는 전기전하를 사람에서 사람으로 전달해 머리카락이 쭈뼛 서게 된다.

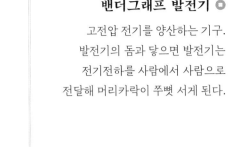

초유체 ⊙

어떤 액체는 절대 0도 가까이에서 점성이 없는 초유체가 된다. 일단 움직이면 멈추지 않으며 용기 밖으로 흐른다. 좁은 틈이 있으면 자기 힘으로 솟구치는 분수를 만들어낸다.

점성 ⊙

점성은 끈적함의 척도이다. 가장 점성이 큰 물질 중 하나는 역청이다. 역청낙하실험은 90년 이상 진행되고 있는데, 겨우 여덟 번만 방울져 떨어졌다.

초광속 ⊙

빛이 장벽 속을 관통할 때 거의 즉각적으로 관통하므로 빛보다 빨리 이동한다. 프리즘을 관통하는 빛은 광속보다 약 4배 더 빨리 도달한다(물리적 신호가 빛보다 빨리 전달되는 것은 아니다-옮긴이).

파동/입자 이중성 ⊙

양자 입자는 파동 같은 행동을 보여준다. 그림에서는 전자를 가지고 이중슬릿 실험을 진행하고 있는데 한 번에 전자 하나씩 발사된다. 빛으로 실험했을 때와 마찬가지로 결과적으로 간섭이 일어나 줄무늬가 형성된다.

테슬라 코일/유도 ⊙

고전압 교류는 주변에 강력한 전류를 유도한다. 여성이 고전압 전원 근처에서 형광등을 들자 형광등이 빛난다.

영 저항 ⊙

어떤 물질은 절대 0도 가까이 냉각했을 때 모든 전기저항을 잃어버려 초전도체가 된다. 초전도체 고리에서는 전류가 영구히 흐르며, 초전도체로 초강력 자석을 만들 수 있다. 전류를 표시하는 전류계가 눈금을 벗어나고 있다.

병원

The Hospital

병 원
The Hospital

푸아죄유의 법칙

피하주사기처럼 지름보다 훨씬 더 긴 원통 모양의 관을 통해 유체가 흐를 때의 압력의 변화를 기술한다.

혈관신생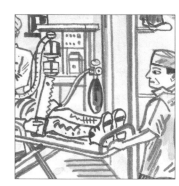

새로운 혈관이 형성되는 과정. 이 남성의 다리 상처가 낫는 과정에서 혈관신생은 상처 치유의 핵심적인 부분이다.

유산소/무산소 운동

달리기 같은 유산소 운동은 산소를 이용해 탄수화물로부터 에너지를 만든다. 무산소 운동은 산소 없이 포도당에서 에너지를 만든다. 그림 속 장치는 유산소 운동을 측정하는 에르고미터이다.

반물질

환자에게 주입되었던 방사성 물질은 PET(양전자방출단층촬영) 촬영 시 반물질(양전자)을 방출한다. 이 반물질은 전자와의 상호작용으로 감마선을 생성하며, 이를 PET 촬영기가 감지한다.

마취

마취는 환자의 지각이나 의식을 줄여 고통 없이 의료시술을 할 수 있게 한다. 기체 흡입이나 주사, 또는 경구로 진행한다.

역연동

연동운동의 반대 방향으로 일어나는 운동. 근육운동의 피동이 소화계를 통해 음식물을 움직여 물질들을 위장으로 되돌려 보내고 토하게 한다.

청진법

인체 내부의 소리를 이용해 의학적 상태를 분석하는 것. 소리를 의사의 귀로 전해주는 청진기는 청진법에 일상적으로 사용되는 도구이다.

소화

커다란 음식 분자를 인체가 사용할 수 있는 더 작은 분자들로 분해하는 과정. 환자의 소화계에서 일어나는 화학작용이 음식물을 분해한다.

혈액형

혈액은 존재하는 항체에 따라 여러 혈액형으로 분류된다. 이 그림에서의 검사는 안전한 수혈을 위해 적합한 혈액형이 사용되는지를 확인하는 데 필수적인 검사다.

DNA 지문

DNA 프로파일링으로도 알려져 있다. DNA 샘플을 비교해 법의학적 자료를 식별하고 친자 여부를 결정하는 메커니즘이다. 이것은 비교 가능한 패턴을 만들어낸다.

유전자편집기술CRISPR

인간을 포함해 살아 있는 유기체의 DNA를 정밀하게 편집할 수 있는 기술. 인간의 유전성 질병을 치료하는 데 널리 이용될 가능성이 있다.

DNA 복제

유전정보가 담긴 DNA 분자의 이중나선이 전체 정보를 담고 있는 단일나선 두 개로 나뉘어, 세포가 분열할 때 DNA를 복제할 수 있다.

투석

혈액에서 과다한 물과 독소를 제거하는 메커니즘. 투석기가 환자의 망가진 신장 기능을 대신한다.

심전도 검사

심전도ECG 기기는 피부와의 전기 접촉을 이용해 심장의 전기적 활동을 측정하고 심장의 박동과 기능상 문제점을 감지한다.

뇌전도 검사

뇌전도EEG 기기는 두피에 전극을 부착하여 읽어들인 신호를 이용해 뇌의 전기적 활동을 감지한다. 이를 통해 뇌전증 등 뇌의 상태를 분석할 수 있다.

편모

많은 박테리아에는 분자 모터가 내장되어 있다. 박테리아는 이를 이용해 채찍 같은 외부조직인 편모를 움직여 나아간다.

내공생

상호이득을 위해 다른 기관 안에서 작동하는 기관. 미토콘드리아는 세포 속에서 에너지 저장 분자인 ATP를 만드는 작은 구성 단위인데, 한때는 박테리아였다가 내공생 관계로 진화했다.

유전자

어떤 기관이 작용하는 데 필요한 특별한 분자, 특히 단백질을 만드는 데 필요한 정보를 담고 있는 DNA 분자의 부분.

후성유전학

유전자는 DNA의 일부만 차지할 뿐이다. 나머지 많은 부분은 유전자를 활성화하고 비활성화하는 메커니즘을 포함한다. 이와 같은 비유전 DNA의 과학이 후성유전학이다.

지혈

피가 흐르는 것을 멈추게 하는 신체의 메커니즘. 혈액은 젤 형태로 응고된다. 이것이 상처 치료의 첫 단계이다.

진핵생물

인간을 포함해 동물과 식물, 균류에서 발견되는 종류의 세포를 가진 생물. 진핵세포는 여러 분자 기계molecular machinery를 포함한 중앙핵을 갖고 있다.

항상성

온도조절기처럼 시스템을 조절하는 과정. 사람을 포함한 포유류는 신체를 일정한 온도로 유지하기 위해 수많은 항상성 메커니즘을 사용한다.

고혈압

동맥 혈압이 정상보다 높은 상태. 혈압계의 가압대가 부풀어 오른 뒤 천천히 수축해 혈압의 최대치와 최저치를 측정한다.

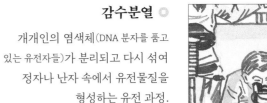

감수분열

개개인의 염색체(DNA 분자를 품고 있는 유전자들)가 분리되고 다시 섞여 정자나 난자 속에서 유전물질을 형성하는 유전 과정.

염증

상처나 감염에 대한 신체의 반응. 면역체계가 문제를 제거하고 회복을 시작하려 할 때 고통과 홍조, 붓기를 유발한다.

물질대사

생체기관에서 에너지를 제공하고 노폐물을 제거하는 과정을 통칭하는 용어. 이 환자가 먹고 있는 음식은 환자의 물질대사를 위한 연료가 된다.

주입

환자의 혈류나 피하에 약물을 넣은 수액을 주입펌프로 투여할 수 있다. 투약량이 적거나 규칙적으로 투여해야 할 때 주사보다 더 효과적이다.

체세포분열

진핵세포의 핵이 이미 복제된 염색체를 분리해 두 개로 나뉘는 과정으로, 세포가 나뉘어 두 개의 세포를 만들 수 있다.

크렙스 회로

미토콘드리아에서 일어나는 메커니즘으로, 시트르산 회로라고도 불린다. 탄수화물 같은 에너지원을 에너지 저장 분자인 ATP를 생성하는 데 사용되는 중간단계 물질로 바꾼다.

형태발생(튜링 패턴)

배아세포가 성장할 때 형태의 발달 과정을 형태발생이라 부른다. 앨런 튜링은 상호작용하는 유체가 어떻게 형태발생의 구조를 담당하는 규칙적인 패턴을 만들어낼 수 있는지를 보여주었다.

신경전달 ◉

뇌는 전기화학적인 연결이 뉴런들 간에 메신저 역할을 하는 화학물질을 전달할 때 작동하는데, 이를 신경전달이라고 한다. 자기공명영상MRI 장치로 신경 문제를 확인할 수 있다.

원핵생물 ◉

세균이나 고세균류 같은 단세포 유기체로, 핵을 갖고 있지 않다. 원핵생물의 세포 구조를 이해하면 항균 작업에 도움이 된다.

핵 ◻

진핵세포 내부에 막으로 둘러싸인 구조물. 핵은 세포의 염색체를 품고 있다. 염색체는 각각 긴 단일 분자 DNA를 가진다.

단백질 합성 ◉

광범위한 역할을 하는 커다란 유기 분자인 단백질이 구성되는 과정. 단백질 구조를 이해하는 것은 분자생물학의 핵심이다.

파지 ◉

'박테리오파지'의 준말로, 박테리아를 공격하는 바이러스이다. 종종 이상하게도 달 착륙선처럼 보인다. 파지는 항생제에 대한 대안으로 고려되고 있다.

양성자 펌프 ◉

전하를 띤 양성자를 막을 관통해 이동시키는 중요한 생물학적 메커니즘. 전기전하의 농도는 에너지를 저장하는 하나의 방법으로 사용된다.

광수용 ◉

눈 속의 특별한 세포가 빛을 감지하는 메커니즘. 의료전문가가 검안경을 이용해 광수용체가 있는 망막을 검사하고 있다.

반사 ◉

뇌의 개입을 필요로 하지 않는 국소적인 자극과 반응. 의사는 무릎을 두드려 환자의 신경이 올바르게 기능하고 있는지 확인할 수 있다.

호흡

호흡은 산소를 체내로 들여와 영양분과 반응하게 하고 이산화탄소를 배출한다. 투병 중에는 산소통을 써서 추가로 산소를 공급한다.

백신접종

면역체계를 촉진하는 물질을 인체에 주입해 감염으로부터 자연스럽게 보호막을 형성하는 것. 항생제가 듣지 않는 바이러스로부터 보호력을 높이는 데 중요한 역할을 한다.

초전도

MRI 장치는 극도로 강력한 초전도 자석을 이용하는데, 이 자석은 매우 낮은 온도에서 전기저항이 0으로 떨어지는 양자효과로 작동한다.

바이러스

아주 작은 세포처럼 생긴 개체로, 감염을 유발한다. 독립적으로 살아 있는 생명체인 박테리아와 달리 바이러스는 숙주 세포의 작동 메커니즘을 이용해 복제한다.

요변성

요변성 유체는 흔들거나 압박을 가했을 때 더 쉽게 흐른다. 케첩은 요변성이다. 벽에 사용되는 흘러내리지 않는 페인트도 마찬가지이다.

약한 상호작용

자연의 네 가지 근본적인 힘 중 하나로, 핵붕괴를 제어한다. PET 촬영기는 환자에게 주입된 방사성 물질로부터 방사선을 잡아낸다.

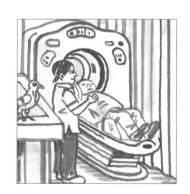

초음파

음조가 너무 높아 들리지 않는 소리. 검사 장비가 초음파를 방출하면 태아와 같은 내부 구조물에 반사되면서 영상을 만들어낸다.

X선

가시광선 영역 바깥쪽의 고에너지 형태의 빛. 살은 관통하지만 뼈는 통과하지 못해 환자의 신체 내부를 검사할 수 있다.

광장

The Town Square

광장
The Town Square

앙페르 법칙 ▣

닫힌 고리closed-loop 속을 흐르는
전류와 그 주변의 자기장을 연결하는
법칙. 휴대용 오디오의 스피커에
부착된 도선 회로의 자기장이 변하면
스피커의 진동판이 움직인다.

베르누이 원리 ▣

속력이 증가하면 압력이나
위치에너지가 감소한다.
종이비행기가 뜨는 이유는
그 주변으로 공기가 흐를 때
표면에서의 압력이 변하기 때문이다.

아르키메데스의 지레 원리 ▣

힘은 그 크기에 반비례하는 거리에서
균형을 이룬다. 어떻게 긴 지렛대가
차를 들어 올릴 수 있는지를
아르키메데스의 지레 원리로
설명할 수 있다.

보일의 법칙 ▣

기체의 압력과 부피는 온도가
일정할 때 서로 반비례한다.
이 때문에 자전거펌프가 작동한다.

아르키메데스의 부력 원리 ▣

유체에 완전히 또는 부분적으로 잠긴
물체는 그 물체를 유체로 대체했을
때의 무게와 같은 힘을 위쪽으로
받는다. 헬륨 풍선이 더 무거운 공기를
대체하고 있으므로 풍선이 뜬다.

브루스터 법칙 ▣

반사된 광선의 편광은 광선이 투명한
매질에 들어갈 때의 각도에 따라
달라진다. 반사된 태양광이
거울에 의해 편광된다.

샤를의 법칙

이상기체의 부피는 일정한 압력에서 그 온도에 비례한다. 공기가 데워지면 팽창해서 풍선의 밀도가 떨어진다. 아르키메데스의 원리에 의해 풍선이 날아간다.

헨리의 법칙

액체에 용해된 기체의 양은 그 액체 위의 기체의 부분압력에 비례한다. 샴페인 마개 조심!

각운동량 보존

각운동량의 변화는 가해진 회전력torque(돌림힘)에 비례하며 그 회전력과 똑같은 축 주변에 발생한다. 자전거 핸들이 똑바르더라도 자전거는 계속 방향을 바꾼다.

훅의 법칙

용수철(탄성물질)을 늘리거나 수축하는 데 필요한 힘은 용수철이 늘어난 또는 줄어든 양에 비례한다. 이것이 이 소년이 용수철 장난감을 가지고 노는 방법이다.

패러데이의 유도법칙

자기장의 변화가 근처의 전기회로에 어떻게 전류를 유도하는지 예측한다. 이 덕분에 변압기에 전력이 공급돼 소년의 스마트폰을 충전한다.

줄 발열

전류가 물질 속을 흐를 때 방출되는 열량은 전류의 제곱에 비례한다. 헤어드라이어는 전기로 데워진 도선에서 뜨거운 공기를 만들어낸다.

열역학 제1법칙

고립된 계의 총에너지는 변하지 않고 남아 있다(에너지는 생성되거나 파괴될 수 없다). 기름을 태우면 그 화학에너지는 열로 바뀐다.

방사성 붕괴 법칙

방사성 물질의 원자핵이 시간에 따라 어떻게 붕괴하는지 예측한다. 바나나는 그 속의 포타슘 원자가 자연적으로 붕괴해 칼슘이 되므로 방사능을 띤다. 위험하진 않으니까 걱정하지 말 것!

레이턴 관계식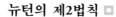

질소산화물의 존재량으로 대기의 가장 낮은 층에서의 오존 농도를 예측한다. 오존은 질소산화물의 광분해(빛으로 쪼개기)로 만들어진다.

뉴턴의 제2법칙

물체에 작용하는 합력(알짜힘)은 가속도에 비례한다. 스케이트보드를 타는 소녀는 한쪽 다리로 힘껏 밀어 속력을 높인다.

뉴턴의 제1법칙

물체에 힘이 작용하지 않으면 그 물체는 정지해 있거나 일정하게 움직인다. 주차된 차는 힘이 작용하지 않으면 그 운동에 변화가 없다.

뉴턴의 제3법칙

모든 작용에는 크기가 같고 방향이 반대인 반작용이 존재한다. 개가 목줄을 당기지만 견주는 서 있다. 목줄의 장력이 개를 다시 끌어당긴다.

뉴턴의 냉각법칙

열 손실률은 물체와 그 주변 사이의 온도 차이에 비례한다. 수프는 늦은 오후의 냉기 속에서 빨리 식는다.

플랑크 법칙

방출되는 빛의 색깔이 온도에 따라 어떻게 변하는지를 묘사한다. 여성이 들고 있는 시뻘겋게 탄 담뱃불은 플랑크 법칙에 따라 적외선 에너지를 복사한다.

뉴턴의 중력법칙

두 물체는 그 질량의 곱에 비례하고 물체들 사이의 거리의 제곱에 반비례하는 힘으로 서로 끌어당긴다. 늘 아래를 조심할 것!

열역학 제2법칙

열은 더 차가운 곳에서 더 뜨거운 곳으로 자발적으로 흐르지 못한다. 아이스크림은 주변을 둘러싼 공기를 더 따뜻하게 하지 않는다.

모세관 현상

액체가 중력 같은 힘 없이 또는
그 힘에 반하여 좁은 공간 속으로
흐르는 능력. 이 덕분에 웨이터는 쏟은
음료를 수건으로 흡수할 수 있다.

도플러 효과

파원이 상대적인 운동을 할 때
나타나는 파동의 진동수 변화.
구급차가 사람을 지나 속력을 높일 때
사이렌의 높낮이가 변한다.

기화냉각

액체에서 분자를 떼어내
기화시키는 데 필요한 에너지 때문에
온도가 떨어진다. 선풍기가 기화를
촉진해 시원해진다.

동적 마찰

고체들이 서로 상대적으로 움직일 때
생기는 마찰. 소년이 브레이크를
너무 세게 잡아 브레이크 블록에서
마찰이 심하게 생기고 있다.

틈새빛살(부채살빛)

하늘에서 태양이 위치한
지점으로부터 나오는 햇빛살.
햇빛살은 평행하지만 착시 때문에
방사형으로 보인다.

탄성물질

고무줄을 늘이면 꼬인 분자들이
풀리는데, 분자들은 늘어짐에 맞서
끊임없이 뒤로 당겨진다.
아기끈은 탄성물질이다.

확산

밀도(농도)가 더 높은 쪽에서 더 낮은
쪽으로 분자가 이동하는 현상으로,
밀도(농도)가 같아질 때까지 지속된다.
개는 공기를 통해 확산되는 음식물
분자들의 냄새를 맡는다.

전기장 발광

신호등에 사용되는 LED처럼
전류의 흐름 또는 전기장에 반응해
물질이 빛을 내는 현상.

엔트로피 ◎

계의 무질서한 정도의 척도. 엔트로피는 똑같이 머물러 있거나 증가하는 경향이 있다. 병을 깨는 것이 깨진 병을 고치는 것보다 더 쉽다.

줄-톰슨 효과 ◎

열이 주변과 교환되지 않도록 단열된 좁은 구멍으로 유체를 통과시켰을 때 나타나는 온도 변화. 줄-톰슨 효과는 아이스크림 카트에 이용된다.

수소결합 ◎

분자 속 수소 원자와, 다른 분자 속에 있는 산소 같은 원자 사이에 작용하는 전기적 끌림. 수소 결합이 요리사가 들고 있는 냄비 속의 물을 액체로 유지한다.

마랑고니 효과 ◎

두 유체 사이의 표면을 따라 질량이 전이되는 현상. 브랜디 잔 속 '와인의 눈물'이라는 현상은 알코올의 표면 장력이 물보다 낮기 때문에 생긴다.

간섭 ◎

두 파동이 상호작용해서 서로 강화되거나 상쇄되는 과정. 연못의 파동은 간섭을 일으킨다.

기계적 확대율 ◎

기계가 만들어내는 힘의 증폭 정도. 자전거 기어는 페달에 가해지는 힘을 증폭시킨다.

훈색 ◎

보는 각도 또는 조명이 변함에 따라 희미한 무지갯빛이 형성되는 현상. 웅덩이 속 얇은 기름막에서 색깔 띠가 형성된다.

멜라닌과 자외선 ◎

멜라닌은 천연색소로, 자외선에 노출되면 피부 속에서 형성된다. 햇볕에 그을린 여인의 멜라닌 색소가 증가했다.

산화 ⊙

산소를 얻거나, 더 일반적으로는 원소나 화합물로부터 전자를 잃는 일. 불의 연소는 산화반응의 극적인 형태이다.

레일리 산란 ⊙

빛이나 다른 전자기 복사가 그 복사의 파장보다 더 작은 입자에 닿았을 때 튕겨 나가는 현상. 공기의 작은 기체 분자는 특히 파란빛을 튕겨 하늘을 푸르게 만든다.

미립자 ⊙

공기 중에 연무질(에어로졸)로 떠 있을 수 있는 작은 입자. 구급차의 배기가스에서 나온 미립자가 연무질을 형성한다.

공명 ⊙

어떤 계의 고유진동수 근처에서 진동이 있을 때 진폭이 급격히 늘어나는 현상. 소리굽쇠가 위층에서 나오는 트럼펫 음색의 진동수에 공명한다.

광합성 ⊙

식물과 몇몇 세균이 빛 에너지를 이용해 이산화탄소와 물로 포도당을 만드는 과정.

2차 우주선 샤워 ⊙

고에너지 우주선이 대기권 상층의 분자들과 충돌해 생성되는 입자. 이 입자 대부분은 뮤온으로, 생성된 뒤에 바로 붕괴해 많은 다른 입자를 만들어낸다.

광발전 효과 ⊙

이 태양광 패널에서처럼 빛에 노출된 물질에서 전압 또는 전류가 생성되는 현상.

정지 마찰 ⊙

상대적인 운동이 없는 둘 또는 그 이상의 고체들 사이의 마찰. 그림 속 여자는 무릎과 판자 사이의 정지 마찰 때문에 미끄러지지 않는다.

거리

The Street

거리
The Street

보일의 법칙 □

기체를 팽창시키면 압력이 줄어든다.
자동차 엔진에서, 피스톤이 실린더
안에서 움직이면서 압력이 떨어진다.

열역학 제1법칙 □

에너지는 보존되지만 그 형태가
변할 수 있다. 그림 속 여자가 상자를
들어 올릴 때, 그가 행한 일은
위치에너지와 열로 바뀐다.

샤를의 법칙 □

기체는 데워지면 팽창한다.
오토바이의 타이어가 도로 표면과의
마찰로 데워짐에 따라 그 속의 공기가
팽창한다.

게이뤼삭의 법칙 □

일정한 부피의 기체는 온도를 높이면
압력이 커진다. 출발신호용 총에서
화약은 급속히 온도를 높이고,
이로 인해 압력도 커져 탕 하는
소리를 낸다.

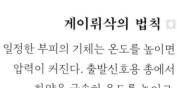

패러데이의 유도법칙 □

전기가 어떻게 자기로 유도되는지를
보여주는 법칙. 몇몇 전기차에는
패러데이의 법칙에 기초한
교류유도전동기가 사용된다.

람베르트 제1법칙 □

어떤 표면에서의 조도는 광원으로부터
거리의 역제곱에 비례한다. 제한된
빛으로는 뭔가를 읽기가 어렵다.

람베르트 제2법칙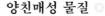

조도는 빛이 물체에 부딪히는 각도에 좌우된다. 지도의 밝기는 지도를 들고 있는 각도에 따라 달라진다.

양친매성 물질

이런 물질은 물과 기름에 모두 이끌린다. 창문을 청소하는 데 사용되는 세제는 양친매성이다.

람베르트 제3법칙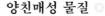

빛이 흡수매질 속을 지나갈 때 그 빛의 세기는 이동 거리에 따라 기하급수적으로 감소한다. 두꺼운 유리 뒤의 가게 내부는 어두워 보인다.

정박효과

개개인이 처음에 제시된 정보 조각에 지나치게 의존하는 인지편향. 9.99달러는 거의 10달러임에도 불구하고 구매자들은 맨 앞에 제시된 9라는 숫자에 더 영향을 받는다.

스넬의 굴절법칙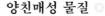

빛이 한 매질에서 다른 매질로 움직일 때 그 진행 방향의 변화는 이 매질들로 결정된다. 이 여성의 선글라스는 공기에서 유리로 움직이는 빛을 꺾는다.

베이지안 동시적 위치 지정 및 지도화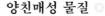

어떤 지역의 지도를 구축함과 동시에 그 지도에서 자신을 위치 지정하는 메커니즘으로, 자율주행자동차에 사용된다.

지프의 법칙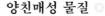

언어(그리고 대화)에서 사용되는 단어의 빈도는 빈출 순위의 거듭제곱에 반비례한다. 단어의 빈도는 빈출 순위 숫자가 증가함에 따라 현저하게 감소한다.

빔분할기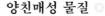

빔분할기는 빛을 통과시키지만 다른 방향으로 보내기도 한다. 단방향 투시 유리는 거울과도 같아서 내부는 거리보다 더 어둡다.

우주선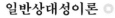

심우주로부터 지구에 부딪히는 입자의 흐름. 수많은 우주선 입자가 매초 이 여자의 몸을 관통한다.

일반상대성이론

중력을 시공간의 휘어짐과 연결시키는 아인슈타인의 이론. 이 이론은 중력이 시간을 늦춘다는 것을 보여준다. GPS 시스템은 그 위성이 공전하는 우주의 약한 중력에 대해 보정해야만 한다.

회절 ◉

파동은 장애물에 부딪히면 휘어진다. 그 덕분에 소년은 건물의 모서리 너머로 누군가 이야기하는 것을 들을 수 있다.

자이로스코프 효과 ◉

회전하는 원반은 회전하는 방향에서 멀어지는 운동을 억제한다. 자전거의 핸들을 놓더라도 회전하는 바퀴 덕분에 자전거는 안정적으로 갈 수 있다.

전자기 흡수 ◉

빛이 색깔 있는 투명 매질을 관통할 때 어떤 에너지를 가진 광자는 흡수된다. 신호등 색깔은 흡수되지 않는 광자들로 결정된다.

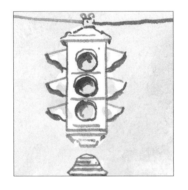

홀 효과 ◉

자기장 속에서 도체를 관통해 흐르는 전류의 흐름에 직각으로 형성되는 전압. 이 효과는 자동차에서 전자식 점화시기 조절장치에 사용된다.

기체방전 ◉

전자와 기체 분자의 충돌로 일어나는 기체 내 전기전도 형상. 그림 속 네온사인 같은 조명은 대전된 기체를 통해 전류를 보내 빛을 내는 기체방전등이다.

적외선 레이저 ◉

가시광선보다 에너지가 낮은 적외선 스펙트럼에서 빛을 만드는 레이저. 광섬유케이블은 적외선 레이저 빛을 전송한다.

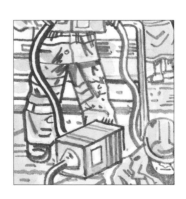

라이다

전파탐지기radar와 비슷하지만 레이저를 이용해 주변 물체들까지의 거리를 측정한다. 대부분의 자율주행자동차에서 충돌 방지를 위해 사용된다.

양자생물학

양자효과를 이용한 생물학적 과정. 지구 자기장을 이용해 길을 찾는 비둘기의 능력은 양자현상인 것으로 보인다.

기계학습

처리하는 데이터에 따라 행동 방식을 조정할 수 있는 컴퓨터 프로그램. 자율주행자동차를 제어하는 데 사용된다.

무선주파수식별RFID

가게 출입구의 보안 시스템에서 나온 전파가 상품에 부착된 딱지에 전류를 유도해 경보음을 울린다.

기계적 확대율

기계에 의해 힘이 증폭되는 정도. 유리창 세척용 작업대의 도르래는 기계적 확대율을 제공한다.

복빙

압력 하에서 녹는 과정. 여기에는 많은 압력이 필요하다. 얼음이 미끄러운 것은 복빙 때문이 아니라 표면의 느슨한 물 분자들 때문이다.

일률

차량의 일률은 약 736와트에 해당하는 마력(PS)으로 측정한다. 이는 대략 말 한 마리가 일정하게 수행하는 일률이다.

공명

물체가 고유진동수 근처에서 떨릴 때 발생하는 큰 진동. 버스는 가끔 엔진이 버스의 공명진동수에서 작동할 때 거칠게 흔들린다.

역반사 물질 ⊙

대부분의 입사광을 산란 없이 다시 반사하는 특수한 물질. 현대의 자전거 반사판은 역반사기이다.

물질 속에서의 광속 ⊙

빛은 진공보다는 공기 중에서, 그리고 공기보다는 유리 속에서 더 느리게 움직인다. 광섬유케이블 속의 빛은 초속 20만 킬로미터로 움직인다.

자기조직계 ⊙

특정한 방식으로 스스로를 자연스럽게 조직화하는 계. 눈송이는 자기조직화로 육면체를 이루는데, 이는 물 분자의 모양 때문이다.

박막간섭 ⊙

액체의 얇은 막에서 반사된 빛은 그 속에서 반사된 빛과 간섭을 일으킬 수 있다. 이 때문에 자동차 아래의 기름막에서 무지개색이 만들어진다.

소닉붐 ⊙

초음속 비행기에서 나는 소음. 귀까지의 거리가 정확히 음파가 서로 강화하기에 딱 맞는 거리일 때 비행체는 크게 쾅 하는 소리를 낸다.

회전력(돌림힘) ⊙

물체에 회전운동을 가하는 힘. 오토바이 탑승자는 타이어 마찰과 방향 전환을 일으키는 힘 사이에 균형을 맞추기 위해 방향을 트는 쪽으로 몸을 기울인다.

특수상대성이론 ⊙

공간과 시간을 연결하는 아인슈타인의 이론으로, 그 결과 움직이는 물체에서 시간이 느려진다. GPS 위성항법 장치는 그 위성의 운동에서 이 요소를 바로잡는다.

내부전반사 ⊙

어떤 물질과 그보다 밀도가 더 낮은 물질 사이 경계를 완만한 각도로 부딪히는 빛은 그 안쪽에 머문다. 이 때문에 레이저 빛은 광섬유 안에서 유지된다.

접지력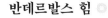

두 면 사이 마찰에 의한 접착력.
자동차 타이어의 접지면은
접촉 면적을 넓혀 접지력의 정도를
끌어올린다.

반데르발스 힘

원자나 분자들 사이에서 정전기적으로
끌어당기는 힘. 이 때문에
도마뱀붙이gecko가 벽을 기어올라갈 수
있다. 이것은 유리를 기어오르기 위한
특수 장갑과 패드에도 사용된다.

삼각측량

정해진 3개의 지점까지의 거리를
측정해 위치를 3차원으로 고정하는 것.
스마트폰의 GPS 앱은 삼각측량을
이용한다.

소용돌이

유체의 회전 운동. 공기 중에
소용돌이가 생겼다가 사라지면서
깃발이 바람에 펄럭이고 있다.

틴들 효과

투명한 매질 속에 부유하는 입자들은
다른 진동수의 빛보다 파란빛을
더 많이 산란시킨다. 오토바이의
배기가스가 파랗게 보이는 것도
이 때문이다.

가황

황과 다른 물질을 이용해 고무를
강화하는 과정. 자동차 타이어는
가황 고무를 사용해 제조한다.

도시열섬효과

도시의 포장된 도로와 건물들은
열을 가두어 밤에 온도가 떨어지는
것을 막는다. 그러지 않는다면 그만큼
온도가 떨어졌을 것이다.

풍동 효과

열린 공간에서 더 좁은 틈으로
지나가며 분자들을 통과시키는
움직이는 공기는 속도를 높인다.
풍동 효과가 남자의 모자를
벗겨 날린다.

교외

The Countryside

교외
The Countryside

캐시의 법칙

이 법칙은 다른 화학성분을 가진 물질과 접촉한 액체의 가장자리 각도를 기술한다. 오리 깃털 위의 물방울은 이 법칙을 따른다.

클라이버의 법칙

대다수 동물의 에너지 소비량은 대략 자기 체중의 3/4제곱으로 증가한다. 늑대는 토끼보다 약 50배 더 무겁기 때문에 19배의 에너지를 사용한다.

커머너의 생태학 제1법칙

"모든 것은 다른 모든 것들과 연결돼 있다"는 생태학 법칙. 공장에서 나오는 연기는 더 넓은 환경에 영향을 미친다.

스토크스의 법칙

유체 속에서 부드럽게 움직이는 구형 물체에 작용하는 힘. 작은 물방울들로 이루어진 구름은 스토크스의 법칙으로 예측된 강력한 항력 때문에 중력에 의해 아주 천천히 떨어진다.

커머너의 생태학 제2법칙

"모든 것은 어디론가 가게 되어 있다"는 생태학 법칙. 매립지의 쓰레기는 버려지는 것이 아니다. 환경의 일부로 남게 된다.

산소호흡

세포에서 산소를 이용해 일어나는 에너지 생산. 달리기하는 사람의 규칙적인 운동은 산소호흡을 일으킨다.

무성생식

복수의 성이 없는 생식. 고사리는 부분적으로는 무성인 복잡한 생식 양식을 보인다.

분지계 군락

복제 개체로 함께 성장하는 유기체 집단. 헤이즐넛 나무는 종종 이런 식으로 똑같은 근계에 연결돼 함께 가까이서 성장한다.

생물발광

몇몇 유기체가 화학작용으로 빛을 생성하는 능력. 반딧불이는 생물발광을 이용해 신호를 보낸다.

색각

몇몇 동물은 인간과 색각 범위가 다르다. 황조롱이는 자외선 색각을 이용해 쥐의 소변 흔적을 보고 그 위치를 찾을 수 있다.

브루스 효과

몇몇 임신한 암컷 설치류는 낯선 수컷의 냄새에 노출되면 유산한다. 이 효과를 가장 잘 보여주는 예는 쥐다.

비행운

비행기구름으로도 알려져 있다. 이 선형구름은 제트엔진의 배기가스에서 나온 물이 낮은 대기온도로 냉각되어 형성된다.

나비효과

환경에서의 작은 변화가 엄청난 결과를 초래한다는 카오스 이론의 함의. 원래 제시된 사례는 나비의 날갯짓이 토네이도를 일으킨다는 것이었다.

수렴 진화

서로 다른 유기체에서 독립적으로 진화하여 비슷한 기능의 형질을 갖는것. 벌레의 눈은 새의 눈과는 분리되어 진화했다.

외온동물

체온이 주로 외부 온도로 조절되는 유기체. 도마뱀이나 다른 외온동물들은 흔히 냉혈동물로 잘못 불린다.

증발산

땅에서 나온 물의 증발, 그리고 식물의 잎에서 증발되는 증산을 아울러 일컫는 말. 잎에서의 증발산이 습도를 높인다.

가장자리 효과

서식지 경계의 상황을 기술하는 생태학 용어. 가장자리 효과 덕분에 삼림지와 목초지 사이의 지역에서 생물다양성이 증가한다.

프랙털 성질

프랙털은 자기유사적인 수학적 구조로, 구조의 부분이 전체를 닮는다. 몇몇 나무, 특히 침엽수는 자연에서의 프랙털 사례이다.

전자기 척력

똑같은 전하를 가진 입자들 사이의 전자기력에 의한 척력. 벽돌 속 원자들 사이의 전자기 척력 덕분에 건물이 안정적으로 유지된다.

중력

물체가 다른 지점보다 더 높이 있을 때 중력은 위치에너지를 만든다. 물레바퀴에 힘을 전달하는 강물은 중력 때문에 비탈 아래로 흐른다.

내온동물

체온이 내부 과정에 의해 제어되는 유기체. 포유류와 조류는 내온동물이며, 때로는 온혈동물로 불린다.

동면

몇몇 내온동물은 겨울을 나기 위해 신진대사 활동이 낮은 상태가 된다. 고슴도치는 동면하는 동물로 잘 알려져 있다.

수소결합

수소와 산소 사이에서 그렇듯,
분자에서 상대적으로 양인 부분과
음인 부분 사이의 이끌림. 이로 인해
끓는점이 높아진다. 이 수소결합으로
호수의 물이 액체 상태로 유지된다.

변태

동물 형태의 급속한 변화로, 종종
세포의 중대한 변형을 수반한다.
애벌레는 변태를 겪고 나비가 된다.

관념운동 효과

의식적인 노력 없이 근육을 움직일 수
있는 능력. 수맥 막대기는 관념운동
효과 때문에 움직인다.

떼 지음

한 무리 또는 다수 동물의 집단적
운동으로, 각 동물은 근처 다른 동물의
영향을 받는다. 찌르레기가 극적인
떼 지음을 연출한다.

각인

인생의 특정한 단계에서 일어나는
급속한 학습. 어린 새들은 종종
부모를 따르도록 각인된다. 그림 속
기러기들은 부모로 각인된 초경량
비행기를 따라간다.

자연선택

환경에서 더 잘 살아남을 수 있는
유기체가 번식한다는 진화의 주요
메커니즘. 나무껍질과 더 비슷해
보이는 나방은 덜 잡아먹힐 것이다.

로지스틱 방정식

환경이 감당할 수 있는 숫자에
기초해 개체수의 증가를 기술한다.
이 토끼들의 개체수는 로지스틱
방정식으로 결정된다.

나비에-스토크스 흐름

나비에-스토크스 방정식은 난류가
없는 액체의 정상류를 기술한다.
시냇물이 부드럽게 흐르는 부분에는
나비에-스토크스 흐름이 있다.

질소고정

식물은 대기 중의 질소를 이용해 자신을 구성한다. 몇몇 식물의 뿌리에서는 뿌리 사이에 서식하는 박테리아의 노움으로 실소고성이 일너닌나.

수분

수술의 꽃가루가 암술머리에 옮겨 붙는 메커니즘. 수많은 곤충들, 득히 벌이 꿀을 모으며 식물들 간에 꽃가루를 운반한다.

야간 시력

낮은 조도에서 보는 능력. 부엉이의 눈은 튜브 모양이어서 다른 방향을 보기 위해서는 극단적인 각도로 고개를 돌려야 한다.

토끼 번식

피보나치는 13세기에 토끼의 번식 습성을 이용해 지금은 피보나치 수열로 알려진 일련의 숫자를 선보였다.

광격자

양자 수준에서 광학적 효과를 만드는 구조. 나비 날개의 무지갯빛은 광격자가 만들어낸다.

무지개

태양으로부터의 백색광이 빗방울 속을 관통하며 그 구성 색상으로 분할될 때 색상의 스펙트럼을 만들어내는 광학적 효과.

광합성

빛을 화학에너지로 전환하는 과정. 식물은 광합성을 통해 햇빛으로부터 에너지를 만든다.

호흡

살아 있는 유기체가 음식의 화학결합에서 에너지를 생성하는 데 사용하는 조절된 연소작용. 다람쥐가 먹고 있는 견과는 세포호흡을 통해 에너지를 생성한다.

자기조직계

어떤 계가 그 일부분의 국소적인
상호작용으로 자신의 구조를
자발적으로 형성하는 능력.
토네이도는 자기조직계의 한 예이다.

종단 속도

유체의 저항이 낙하하는 물체의
가속을 멈추게 하는 속력. 낙하산은
종단 속도를 감소시켜 낙하산을 탄
사람을 안전하게 지켜준다.

유성생식

암컷과 수컷의 유전물질이 결합해
유기체를 번식시키는 과정.
모든 포유류와 마찬가지로 토끼도
유성생식을 한다.

영양단계 연쇄반응

포식자가 더 작은 포식자의 개체수를
감소시키면, 더 작은 포식자의 먹이에
대한 포식도 줄어든다. 늑대는
영양단계 연쇄반응을 일으킬 수 있다.

강한 상호작용

원자핵을 결합시키는 메커니즘.
이 에너지의 일부는 이 화강암석의
자연방사능처럼 방사능으로 방출된다.

난류亂流

유체가 불규칙하고 어지럽게 흐르면
압력과 유동률이 예측할 수 없게
급변한다. 시냇물은 바위 주변에서
난류를 겪는다.

공생

생물종들 사이의 밀접하고 유익한
상호작용. 지의류는 균류와
공생관계에 있는 세균 또는 조류로
구성돼 있다.

휘튼 효과

암컷 쥐들은 수컷 쥐의 소변에 있는
페로몬으로 동시에 발정기(번식할
준비가 된 시기)로 돌입할 수 있다.

해안지대

The Coastline

해안지대
The Coastline

아키의 법칙

암석의 전기전도도는 암석이 얼마나 다공성이고 얼마나 염수에 젖었는지와 관련이 있다. 이 법칙은 앞바다에서 시추할 때 화석연료의 양을 추정하는 데 사용된다.

아르키메데스의 부력 원리

배 또는 다른 떠 있는 물체를 떠받치는 힘은 그 물체를 대체하는 물의 무게와 똑같다. 배는 이 원리로 떠 있다.

보일의 법칙

기체의 압력은 부피가 감소함에 따라 증가한다. 발펌프를 밟아 누르면 기체의 압력이 높아져 튜브가 부푼다.

샤를의 법칙

기체는 가열하면 팽창한다. 쾌속정의 엔진에서는 뜨거운 기체가 팽창하며 실린더의 피스톤을 밀어 엔진에 동력을 공급한다.

운동량 보존

운동량은 보존된다. 야구방망이로 공을 치면 운동량이 공에게 전달돼 공이 날아간다.

돌턴의 부분압력 법칙

공기는 서로 다른 기체의 혼합물이다. 전체 기압은 각 기체의 기압의 합이다. 소년이 숨 쉬는 공기는 부분압력을 합친다.

픽의 확산 법칙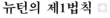

공기 속의 분자들은 아주 빨리 움직이지만 충돌도 많이 일어나 진행 속도가 느려진다. 픽의 확산 법칙은 냄새가 공기 중으로 어떻게 이동하는지를 기술한다.

뉴턴의 제1법칙

힘이 작용하지 않으면 뭔가가 일정한 속력으로 운동을 계속 유지한다. 서퍼는 파도에 부딪치더라도 계속 움직인다.

그린의 법칙

해변 가까이에서 물이 더 얕아짐에 따라 파도의 높이가 증가하고 서로 가까워지는 방식을 기술한다.

뉴턴의 제3법칙

모든 작용에는 크기가 같고 방향이 반대인 반작용이 있다. 보트의 프로펠러가 물을 뒤로 밀어내면 반작용으로 배가 앞으로 밀린다.

헨리의 법칙

액체에 녹은 기체의 양이 그 부분압력에 따라 어떻게 변하는지를 보여준다. 잠수부들은 체액에 용해된 기체가 거품으로 드러날 때 감압병(잠수병)을 겪는다.

스토크스의 법칙

유체 속에서 움직이는 물체에 작용하는 항력을 기술한다. 비치볼은 표면적이 커서 엄청난 항력을 형성하지만 운동량은 적다.

중첩의 법칙

더 아래에 있는 암석층들은 그보다 위에 있는 층들 이전에 형성되었다는 개념. 절벽에서 보이는 위쪽 지층들은 아래쪽 지층보다 더 최근에 생긴 것이다.

단열 냉각

외부와 차단된 계에서 압력이 갑자기 감소하면 온도가 떨어진다. 탄산음료 캔 위에 김이 서리는 것은 공기 중의 수증기를 냉각시키기 때문이다.

최소 시간의 원리 (해상구조대 원리)

더 긴 경로가 오히려 더 빠르게 갈 수 있다면 그 경로를 택하는 것이 좋다. 구조대원은 물에 들어가기 전에 먼저 해안을 따라 달린다. 이 원리로 인해 빛이 공기에서 유리로 들어갈 때 꺾인다.

유화乳化

보통은 잘 섞이지 않는 두 액체가 성공적으로 서로 잘 섞이는 경우. 하나의 액체가 작은 물방울로 쪼개지면서 형성된다. 녹기 전의 아이스크림은 유화액이다

브룬 규칙

해수면 상승의 결과로 해안선이 물러나는 속도를 추정하는 공식.

증발냉각

액체가 증발할 때 주변으로부터 에너지를 가져가 시원하게 만든다. 수영을 하고 바다에서 나온 사람은 피부에 남아 있는 물 때문에 춥게 느낀다.

회절

파동은 좁은 구멍을 통과할 때 휘어지며 퍼져나간다. 파도가 외해로부터 항구로 퍼져온다.

동물군 천이

암석지층의 연대는 거기서 발견된 화석으로 정해진다. 왜냐하면 화석은 죽은 시점에 퇴적되기 때문이다.

자니베코프 효과

서로 다른 축을 중심으로 한 회전의 상호작용을 설명한다. 배드민턴 선수가 라켓을 위로 던져 한 바퀴 돌려 다시 잡을 때, 라켓은 회전하면서 바닥을 향하던 면이 위쪽을 향하게 된다.

중력파도

바람이 바다를 가로질러 불 때 물을 움직이며, 중력이 그 물의 위치를 복원시킬 때 파도가 형성된다. 이것이 중력파도이다.

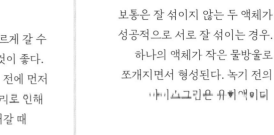

열용량

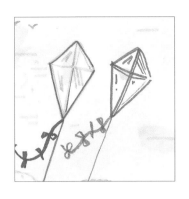

바다는 육지보다 열용량이 더 크기 때문에 더 천천히 따뜻해진다. 바다의 차가운 공기는 더 따뜻하고 공기 밀도가 낮은 육지 쪽으로 움직여 연을 날리는 바닷바람을 만든다.

연안표사

바람이 형성하는 횡류로 인해 해안선을 따라 모래가 이동하는 현상이나 그 모래. 해안선의 모양은 연안표사로 인해 변해왔다.

백열

열로 인한 빛 방출. 열은 전자의 에너지를 증가시키고, 전자는 빛의 광자로 그 에너지를 내놓는다. 불은 백열이다.

마그누스 효과

회전으로 압력 차이가 생겨 공의 경로가 휘는 현상. 회전하는 비치볼은 예상 경로를 벗어나 움직인다.

켈빈 항적 무늬

추진기 없는 배나 새가 잔잔한 물 위를 움직이면 독특한 켈빈 항적 무늬가 형성된다.

망델브로의 해안선 역설

측정 자가 짧을수록 더 많은 구석과 틈으로 들어갈 수 있으므로 해안선의 길이는 정해져 있지 않다. 측정 자가 짧아지면 해안선 길이는 더 길어진다.

켈빈-헬름홀츠 불안전성

유체 흐름에서 속도 차이가 있을 때 형성되는 난류 효과. 구름은 산 위를 지나가는 공기 속 불안정성을 가시적으로 보여준다.

탈피

동물이 표피를 벗어버리는 것. 유기체가 성장하면서 일어난다. 껍데기는 자라지 않으므로 게는 탈피를 해서 더 큰 껍데기를 만든다.

비균질 질량 동역학

셔틀콕의 공기역학에 따르면 셔틀콕을 쳤을 때 코르크 부분이 앞을 향해 회전하고, 진동하다가 안정된 상태는 유지한다. 이는 셔틀콕의 비균질 구성을 반영한다.

산악구름 ◎

공기가 산비탈을 타고 올라가게 되면 급속히 냉각된다. 그 때문에 수증기는 물방울을 만들고 구름 형성을 유도한다.

파스칼의 원리 ◎

압력의 변화는 비압축성 유체를 통해 전달된다. 물총의 큰 피스톤은 아주 좁은 분출구를 통해 높은 속력으로 분사한다.

압전저항 ◎

압력에 따른 전기저항의 변화. 잠수부의 측심기는 압전저항 감지기를 이용한다.

판구조론

지구 표면의 판들이 서서히 움직인다. 이런 판들이 충돌하면 지각을 찌그러뜨려 산을 형성할 수 있다.

플래토-레일리 불안정성 ◎

천천히 흐르는 액체의 흐름을 표면 장력이 방울들로 쪼개는 메커니즘. 수압이 낮으면 샤워기 헤드는 물방울을 쏟아낸다.

편광 ◎

바다 같은 표면에서 반사돼 나온 햇빛은 편광된다. 폴라로이드 선글라스는 일부 편광된 빛을 차단해 눈부심을 완화한다.

측방 연속성의 원리 ◎

퇴적층은 원래 연속적이라, 현재는 침식작용으로 형성된 간격이 있는 퇴적암도 처음에는 연속적이었다는 원리.

레일리 산란

원자들이 광자를 흡수하고 다른 방향들로 재방출하며 빛을 산란시킨다. 공기 분자들은 파란빛을 더 많이 산란시켜 파란 하늘을 만든다.

열 지연

따뜻하게 데워진 바닷물은 다시 차가워지는 데 시간이 걸린다. 그래서 바닷물은 햇볕이 가장 뜨거운 한여름에도 여전히 차가우며, 추분에도 아직 따뜻하다.

굴절

파동은 다른 속력의 영역으로 들어갈 때 방향을 바꾼다(94쪽 최소 시간의 원리 참고). 파도가 얕은 물로 진입하면 굴절된다.

기조력

중력에 의한 당김이 해수면의 높이 차이를 일으키는 메커니즘. 달의 기조력은 조수간만을 일으켜 해수면에 큰 차이를 만든다.

역삼투

삼투압에 반해 액체를 반투과성 막으로 강제로 통과시키는 것. 담수화 공장에서는 이를 이용해 물을 통과시키고 염분을 남긴다.

횡파

진동이 진행방향과 직각인 파동. 파도는 횡파이다.

스토크스 표류

유체의 흐름에 의해 물체가 이동하는 속도. 물 위에 떠 있는 물체는 파도에 의해 천천히 떠밀려 이동한다.

벤투리 효과

비압축성 유체가 협착부를 통과할 때 속력이 빨라지고 압력이 작아지는 효과. 스쿠버 다이버의 호흡기는 압력을 줄인다.

대륙

The Continent

대륙
The Continent

베츠의 법칙

풍력 터빈의 최대 출력은 풍력
에너지의 약 59.3퍼센트이다. 모든
에너지를 뽑아내면 공기가 멈춰져
더 움직이지 못하게 되기 때문이다.

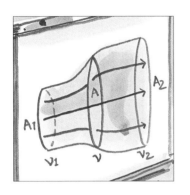

지브라의 법칙

이 법칙에 의하면 도시의 성장은 크기와
무관하며 로그정규분포(값의 로그가
종 모양의 곡선으로 분포한다)에 따라
분포한다. 이는 여전히 논쟁 중이다.

바위스 발롯의 법칙

북반구에서 바람을 등지고 섰을 때
저기압은 앞쪽 왼편에 있고 고기압은
뒤쪽 오른편에 있다. 남반구에서는
그 반대이다.

단열 냉각

공기가 주변과 열을 교환하지 않고
부피를 팽창시켜 온도가 떨어질 때
렌즈구름 같은 구름의 형태가
형성되는 메커니즘.

패러데이의 유도법칙

풍력발전기는 전자기 유도로
작동한다. 이 법칙에 의하면 생산되는
전기에너지는 자기장이 변화하는
속도에 따라 달라진다.

기단

상대적으로 일정한 온도와 수증기
함량을 가진 커다란 공기 덩어리.
이들 기단의 상호작용이 우리의
날씨를 좌우한다.

소행성 충돌구 ◉

우주에서 날아온 천체가 행성이나 달과 충돌하면서 자연스럽게 만들어진 지형. 공룡멸종과 관련이 있는 150킬로미터 넓이의 칙술루브 충돌구 같은 몇몇은 거대하다.

카오스 기상 시스템 ◉

기상 시스템은 수학적으로 카오스다. 아이들이 보고 있는 날씨 지도에서처럼 기상학자들은 조금씩 다른 초기 조건들로 여러 개의 예보 '앙상블'을 운용한다.

부력 ◉

배를 떠 있게 하는 위로 향하는 힘. 배의 무게는 배 아래 물기둥의 압력 차와 균형을 이룬다.

발화 ◉

연료가 산소와 반응해 열을 방출하는 화학반응. 자연발화(예를 들어 산불)는 종종 번개가 쳐서 시작된다.

나비효과 ◉

8장에서 봤듯이(83쪽 참고) 나비 날개의 펄럭임 같은 작은 입력값도 카오스가 주도하는 기상 시스템에서 엄청난 변화를 일으킬 수 있다.

전도율 ◉

물질이 전기를 전도하는 능력으로, 저항의 역수이다. 전력선은 열 손실을 최소화하기 위해 높은 전도율을 갖도록 설계된다.

현수선 ◉

중력으로 인해 두 점 사이에 곡선 형태로 매달린 사슬이나 전선의 모양. 송전탑 사이의 전력선은 현수선을 형성한다.

끓는점 강하 ◉

대기압이 낮아질수록 끓는점도 낮아진다. 4,500미터에서는 물이 84.5도에서 끓기 때문에 차의 맛이 그다지 만족스럽지 않다.

전기방전

전기가 공기 속으로 흐르는 능력.
고전압은 원자에서 전자를 떼어내
번개 같은 전류를 흐르게 할 수 있다.

기하급수적 증가

증가하는 값에 비례하는 비율로
증가하는 것. 예를 들어 시간단위마다
두 배씩 되는 것을 말한다. 번개 속
전자는 폭포처럼 떨어지며 전하를
기하급수적으로 증가시킨다.

전자기 펄스

짧게 지속되는 전자기 에너지의 분출.
번개로 인한 펄스는 전화기를 포함한
주변의 전기장치를 파괴한다.

유체동역학

구불구불한 강의 흐름은 물의 흐름이
바깥쪽에서 안쪽 강둑으로 퇴적물을
옮기며 형성된다.

전자기

빛과 물질 사이의 상호작용을
하게 하는 근본 힘. 탑에서 나오는
라디오파는 전자기파이다.

빙하작용

깊은 U자 형으로 옆면이 직선인
계곡은 빙하가 만든 것으로, 얼음이
천천히 경사를 따라 아래로 움직이며
지표를 문질러 형성되었다.

침식

흐르는 물이나 공기가 서서히
토양이나 암석의 표면을 없애는 현상.
절벽 면은 침식 때문에 점차 깎인다.

화성암 형성

결정질 또는 유리 같은 암석으로,
마그마를 형성하는 지구 내부의 열이
녹인 물질로부터 형성되며 이후
화산에서 용암으로 분출될 수도 있다.

이온화

원자로부터 전자를 없애거나 원자에 전자를 더해 전기적으로 대전된 이온을 만드는 것. 번개는 공기를 이온화해 도체로 만든다.

호수효과 눈 ◐

더 따뜻한 물 위를 지나가는 차가운 바람이 수증기를 붙잡아 상승한다. 수증기가 더 차가운 공기를 만나면 눈을 만든다.

지각평형 ◐

부력과 유사하게, 산에 작용하는 중력과 지각의 밀어올리는 힘 사이의 균형. 몇몇 산들의 높이를 설명해준다.

기온감률 ◐

온도가 고도에 따라 어떻게 떨어지는지(킬로미터당 6.5도)를 기술한다. 그 결과 산꼭대기에는 만년설이 생긴다.

제트기류 ◐

대기권 상층에서 빠르게 움직이는 공기의 흐름. 비행기가 제트기류에 들어가면 대지속도가 증가하며 비행 시간이 단축되고 연료 효율이 좋아진다.

낙뢰 ◐

번개가 사람을 관통해 전기 방전을 일으키면 종종 심각한 부상이나 사망에 이른다. 공원관리원 로이 설리번은 번개를 가장 많이 맞은 사람으로, 일곱 번의 낙뢰에도 살아남았다.

활강풍 ◐

차갑고 밀도가 높은 공기는 중력으로 인해 더 따뜻하고 낮은 밀도의 공기로 떨어질 때 산을 따라 흐른다.

마세네르헤붕 효과 ◐

바람막이 역할을 하는 봉우리로 둘러싸인 산은 열을 품고 있기 때문에 고립된 산보다 수목한계선이 더 높게 나타난다.

변성암 형성

열과 압력의 조합에 의해 형성되지만,
녹지 않고 형성된 암석.

핑고

얼음 핵이 있는 얕은 깔때기 모양의
언덕으로, 영구동토층이 있는
지역에서 지하 호수나 대수층에서
나온 물이 얼어 팽창하면서 형성된다.

천연 핵분열 원자로

지하에 충분한 양의 우라늄이 있으면
연쇄반응을 일으켜 천연 핵분열
원자로로서 상당한 열을 생성할 수
있다. 가봉의 오클로 광산이 유명하다.

판구조론

지구 표면 위에서의 판의 움직임.
하나의 판이 다른 판 위로 미끄러지면
상승하여 히말라야 같은 산맥을
형성할 수 있다.

산화

물질이 공기 중의 산소와 반응하는 것.
철이 산화해 철교에 녹이 생긴다.

전위차

한 지점과 다른 지점 사이의 전기전압
차이. 구름과 지면 사이 전압의
전위차가 번개를 유발한다.

파레토 원리

많은 경우 80퍼센트의 결과는
20퍼센트의 원인에서 나온다.
도시에서 80퍼센트의 재산은 인구의
20퍼센트가 소유한다.

관입의 원리

암석의 연대를 측정하는 지질학적 방법.
화성암이 퇴적암을 가로질러 지나가는
경우 화성암의 나이가 더 어리다. 그런
관입은 이 저반底盤 같은 지층을 만든다.

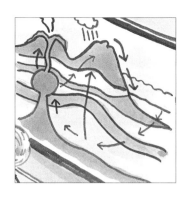

퇴적암 형성 ◉

모래 같은 퇴적물이 쌓이고 뭉쳐진 뒤 입자들이 지하수 속의 화학물질로 함께 굳어져 형성된 암석.

기온역전 ◉

대기층에서 따뜻한 공기가 더 차가운 공기 위에 붙들려 있는 경우. 이 역전층은 오염물질을 붙잡아둘 수 있으며 저지대 구름을 형성한다.

표피효과 ◉

송전선에서 그렇듯, 교류는 주 흐름을 도체 바깥으로 밀어내는 전류를 유도하여 저항을 증가시킨다.

마찰전기 효과 ◉

마찰에 의해 형성되는 정전기. 풍선을 고양이에 문질렀을 때 형성되는 것과 같은 전기효과가 방대한 규모로 공기 중에 떠 있는 얼음 결정들 사이에서 일어나 번개를 만든다.

태양 에너지 ◉

기상 시스템을 구동하는 지구 에너지의 대부분은 태양에서 온다. 그림 속의 태양광 발전소는 이 전자기 에너지를 이용한다.

쓰나미 ◉

많은 양의 물이 지진이나 화산폭발로 갑자기 이동해 만들어지는 수역에서의 파동.

섭입 ◉

하나의 지각판이 다른 지각판 아래로 침투하면 뜨거운 물질을 들어 올려 화산활동을 연쇄적으로 일으킬 수 있다.

기상전선 ◉

온도와 압력이 다른 기단들 사이의 경계로, 기상효과를 만들어낸다. 기단은 기상도에서 반원과 삼각형으로 표기한다.

지구

The Earth

지구
The Earth

뉴턴의 중력법칙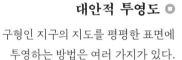

이 법칙은 중력이 물체의 무게중심을 향하고 있음을 말해준다. 이는 사람이 지구상 어디에 있든지 적용된다.

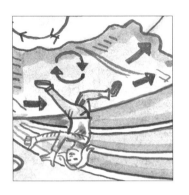

대안적 투영도

구형인 지구의 지도를 평평한 표면에 투영하는 방법은 여러 가지가 있다. 방위도법에서는 중심점에서의 거리와 방향이 정확하다.

열역학 제2법칙

이 소녀처럼 살아 있는 생명체는 원소들의 집합보다 엔트로피(무질서도)가 더 적다. 그럼에도 이 법칙에 의하면 엔트로피가 감소하지 않는다. 이는 태양에서 오는 에너지 때문에 가능한 일이다.

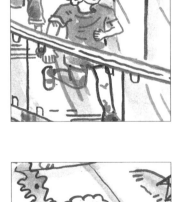

인공위성

통신, 길 안내, 기상관측, 그리고 더 많은 용도로 우리는 지구 주위 궤도를 돌고 있는 인공위성을 폭넓게 이용하고 있다.

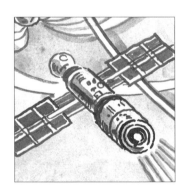

산성비

이산화황이나 산화질소 같은 대기 속 오염물질들이 빗물에 녹아 동물과 식물, 건물에 해를 입힐 수 있는 산성물질을 만든다.

오로라 효과

지구자기장은 태양풍(태양에서 오는 대전 입자들)으로부터 지구를 보호하는데, 이를 이겨내고 대기로 진입한 대전 입자들이 대기 분자들을 자극해 빛을 만들어낼 때 오로라가 생긴다.

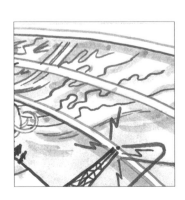

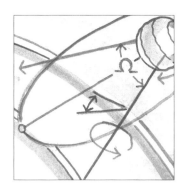

질량중심 회전

달과 지구는 공동 질량의 중심,
즉 '질량중심' 주위를 돈다. 지구와
달의 경우, 질량중심은
지구 내부에 있다.

대류

판구조론으로 알려진 과정에서는
지표면의 거대한 판들이 서서히
움직인다. 이는 지구 내부의 온도
차이로 생긴 대류 때문이다.

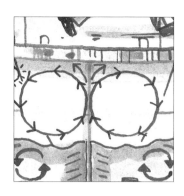

온실가스로서의 이산화탄소

화석연료를 태울 때나 화산에서
만들어지는 이산화탄소는 주된
온실가스로, 지구로부터의 적외선
복사를 지표면으로 재방출한다.

전향력

지구같이 회전하는 큰 물체의
표면에서 회전에 의해 만들어지는
힘으로, 물체의 운동방향에 직각으로
작용한다.

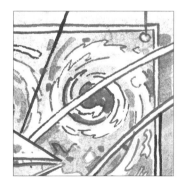

카오스 이론

초기 조건에서의 작은 변화가
결과에서의 큰 차이를 만들어내는
계를 기술한다. 일기도는 카오스계를
보여준다.

낮과 밤

지구는 24시간에 걸쳐 회전하기
때문에 태양이 비추는 부분이
움직이며 낮과 밤을 만든다.

기후변화

자연적 또는 인공적 이유로 인한
기후의 변화. 현재로서는 기후가
따뜻해지고 있어 해수면이 상승하고
서식지가 달라진다. 섬의 경우, 종종
강력한 영향을 받는다.

지구 구조의 발견

지진 같은 현상에서 지구를 관통하는
충격파의 굴절과 흡수를 통해 지구의
구조를 추론할 수 있다.
지진계는 이런 진동을 집어낸다.

지진 ⊙

지표면의 진동. 일반적으로 지각이
움직이는 판들의 상호작용 때문에
생긴다.

적도 팽대부

지구가 자전함에 따라 가해지는
원심력으로 인해 지각이 적도를 향해
바깥으로 밀려나서 지구를 구가 아닌
편평 타원체로 만든다.

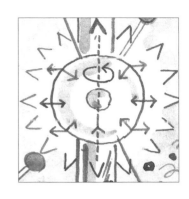

엘니뇨 효과 ⊙

물의 흐름을 전환하는 태평양의
온도분포 변화로, 대양의 양쪽 기후를
극적으로 바꾼다.

분점(춘분, 추분) ⊙

문자 그대로 '똑같은 밤들'(주야
평분시). 태양의 중심이 지구 적도 바로
위에 있을 때, 지구의 공전 궤도에
있는 두 지점.

전자기 ⊙

원자를 한데 모아두는 근본 힘.
전자기는 물체가 서로 통과하는 것을
막아 통로 위에 서 있을 수 있게 한다.

빠른 탄소 순환 ⊙

식물이 자라면서 대기에서 흡수한
탄소의 순환으로 동물이 식물을
소비하고, 유기체가 부패하면 탄소는
다시 대기로 방출된다.

외트뵈시 효과 ⊙

원심력에 의한 중력의 변화.
동쪽으로 움직이는 배는 지구의 자전
때문에 서쪽으로 향하는 배보다
중력을 덜 느낀다.

미래 해수면 지도 ⊙

기후변화는 해수면을 상승시킨다.
물의 양이 늘어나기도 하고 얼음도
녹기 때문이다. 이 지도는 물이
증가함에 따라 가능한 미래 해안선을
보여준다.

지구정지궤도

지구 자전과 똑같은 속력의 지구궤도 비행. 정지궤도 위성은 지구 표면에서 똑같은 지점 위에 머문다.

빙하기 ⊙

지구의 냉각으로 극지방의 얼음이 대륙의 상당한 부분까지 확장된 시기. 매머드는 빙하기 동안 얼음 속에 갇혀 있었다.

지구온난화 ⊙

기후변화로 인해 지구 온도가 상승하고 있다. 특히 극지방에 가장 큰 영향을 끼쳐 많은 양의 얼음이 녹고 있다.

자기극 ⊙

지구는 용해된 철과 니켈 핵의 회전 때문에 자기장을 갖는다. 자기극은 지구의 회전극과 가깝지만 그 위치는 아니다.

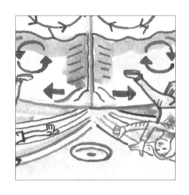

온실효과 ⊙

이산화탄소와 메탄 같은 기체 분자가 적외선을 지구 표면으로 다시 반사해 지구를 따뜻하게 하는 메커니즘.

자기권 ⊙

태양풍으로부터 지구를 방어하는 지구 자기장. 자기장이 없으면 이 대전 입자의 흐름이 지표면을 복사에 노출시켜 대기를 벗겨낼 것이다.

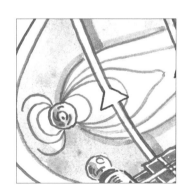

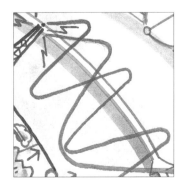

헤비사이드 층 ⊙

상층 대기에 전기적으로 대전된 기체의 층으로, 지구 곡률을 둘러 전파를 반사해 그렇지 않았을 때보다 더 멀리 도달하게 한다.

온실가스로서의 메탄 ⊙

메탄(천연가스)은 이산화탄소보다 더 강력한 온실가스이다. 소 같은 반추동물의 소화계가 메탄의 주요 배출원이다.

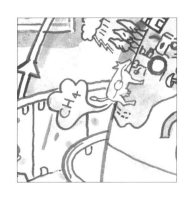

근지구소행성

먼지 크기에서부터 수 킬로미터에
이르는 초기 태양계의 잔재로,
태양 주변을 돌면서 지구의 공전궤도
근처까지 다가오다.

오존층

성층권(우주왕복선이 통과하는)의
오존 기체층. 오존층은 태양에서
들어오는 자외선을 흡수해 지구의
위험한 수준을 감소시킨다.

중성미자

태양이 방출하는 입자들로, 물질과
아주 약하게 상호작용하기 때문에
지구를 곧바로 관통한다. 이를 이용해
밤에 태양 사진을 찍을 수 있다.

고지자기학

철을 함유한 암석의 자기장은 지구
자기장과 비교했을 때 예기치
못한 방향을 가리킨다. 이 덕분에
지질구조판의 오래된 위치를
추적할 수 있다. 고지자기학은 이를
연구하는 학문이다.

질소 순환

공기 중의 질소가 식물과 공생관계에
있는 박테리아에 의해 영양분으로
'고정'되었다가 나중에 다른
박테리아에 의해 공기 중으로
되돌려지는 자연 순환.

암석 순환

암석이 다른 온도와 압력을 가진
지구의 여러 영역을 움직이며 세 가지
주요한 형태(퇴적암, 변성암, 화성암)로
전환하는 과정.

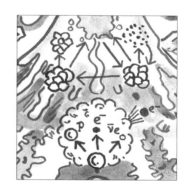

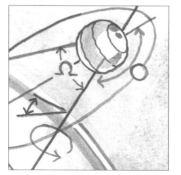

자전축 기울기

천체의 자전축과 공전축 사이의 각.
지구의 자전축이 기울어져 있어서
계절이 생긴다.

해저확장설

지각판이 이동함에 따라 해저가
확장되어 화산 마그마가 식으면서
새로운 해양지각을 형성할 수 있다.

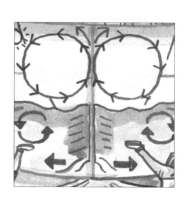

느린 탄소 순환 ⊙

느린 탄소순환에서는 조개껍데기나 다른 유기물질에서 나온 이산화탄소가 퇴적되어 암석의 일부가 되고 결국에는 풍화작용과 화산활동으로 재방출된다.

무역풍 ⊙

북반구에서 동쪽에서 서쪽으로 부는 바람. 돛으로 움직이는 무역선을 이용하는 데 기초가 된다.

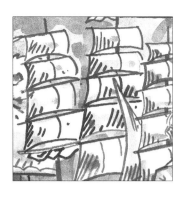

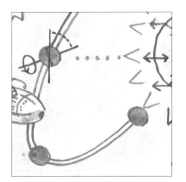

지점(하지, 동지) ⊙

지구의 공전궤도에서 태양이 하늘의 가장 북쪽과 남쪽 위치에 놓이게 되는 곳.

화산 ⊙

지각운동으로 인한 압력 때문에 용해된 암석(마그마)이 지각을 뚫고 올라와 용암으로 쏟아져 나오는 지형.

강한 상호작용 ⊙

원자핵을 함께 묶어두며 양성자와 중성자를 구성하는 쿼크들을 붙잡아두는 힘. 그림 속 이 도식은 강한 힘을 수반하는 입자들의 상호작용을 보여준다.

물 순환 ⊙

태양이 대양에서 물을 증발시키는 자연적 순환. 그 물은 비로 내려서 종종 생물 유기체들이 사용하고 난 후에 다시 바다로 흘러간다.

열염 순환 ⊙

대양에서 일어나는 따듯한 물의 대규모 운동으로, 지역별 기상 양태를 바꾼다. 멕시코 만류가 가장 잘 알려져 있다.

약한 상호작용 ⊙

핵붕괴의 원인이 되는 것. 약한 상호작용은 화산의 간접적인 원인이다. 그런 활동의 열원은 대부분 지구 내부의 핵반응이기 때문이다.

태양계

The Solar System

$$P_y^2 = a_{AU}^3$$

태양계
The Solar System

각운동량 보존 🔲

우주의 모든 것이 회전하는 이유.
중력에 의해 물질들이 서로
끌어당기게 되면 어떤 회전운동이든
강화된다. 회전하는 무용수가 팔을
안으로 잡아당기는 것도 이 때문이다.

더모트의 법칙 🔲

행성 위성들의 공전주기는 위성이
그 행성에서 떨어져 있는 순서(가장
가까운 것부터 가장 먼 것까지)를 지수로
하는 어떤 상수에 비례한다.

케플러 제1법칙 🔲

행성의 궤도는 타원으로, 태양은
그 타원의 초점(원의 중심에 상응하는) 중
하나에 위치해 있다. 이 새잡이는 무대
가운데 있는 가수, 즉 태양 주위를
도는 행성처럼 행동한다.

케플러 제2법칙 🔲

행성과 태양을 잇는 선은 같은 시간에
같은 넓이를 훑고 지나간다. 새잡이의
궤도를 유지해주는 고무 밧줄이
이 역할을 한다.

케플러 제3법칙 🔲

악보대에서 보이듯이 행성 공전주기의
제곱은 타원의 긴반지름의 세제곱에
비례한다.

분광학에 관한
키르히호프의 제2법칙 🔲

태양의 표면처럼 밀도가 낮은 기체는
하나의 색보다는 다양한 색의
스펙트럼을 방출한다.

분광학에 관한 키르히호프의 제3법칙 🔲

연속 스펙트럼으로 구성된 빛이 태양의 대기처럼 상대적으로 차갑고 밀도가 낮은 기체를 관통하면 원소들이 특정한 진동수를 흡수해 암흑선이 나타난다.

흑체 복사 🔘

가열된 물체에서 방출되는 독특한 빛의 파장 분포. 태양의 뜨거운 표면에서 생성되는 햇빛은 흑체 복사와 흡사하다.

강착 🔘

엄청난 기체와 먼지들이 집단적으로 회전하며 중력에 의해 함께 이끌려 태양계가 형성되는 과정.

혜성 🔘

기다란 타원 궤도로 태양 주위를 공전하는 먼지투성이의 얼음 천체. 혜성은 태양에 가까워짐에 따라 따뜻해져서 기체를 방출하는데, 이것이 빛나는 꼬리처럼 보일 수도 있다.

알베도(반사율) 🔘

천체가 빛을 반사하는 정도. 지구의 반사율은 구름과 얼음 때문에 증가한다.

식蝕 🔘

하나의 천체가 태양과 다른 천체 사이에 들어가 그림자를 드리우는 경우. 월식일 때 일부 빛이 지구 대기에 의해 산란되기 때문에 달이 붉게 보인다.

발머 스펙트럼선 🔘

태양이나 다른 별들로부터 오는 빛의 스펙트럼 속 암흑선들로 수소의 존재를 알 수 있다. 각 원소는 특정한 색의 빛을 흡수하기 때문이다.

황도黃道 🔘

태양 주위를 도는 지구궤도의 평면.

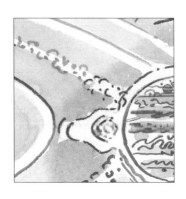

전자기 복사

전기와 자기의 상호작용으로 전달되는 에너지 흐름. 목성을 포함한 많은 천체는 전자기 스펙트럼의 일부인 전파를 생성한다.

온실효과 ◎

금성은 뜨거운 지구와 비슷해야 하지만, 이산화탄소가 풍부한 대기로 인해 온실효과가 폭주해 표면 온도가 약 섭씨 460도에 이른다.

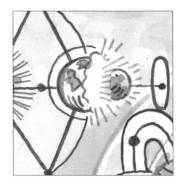

패러데이 효과 ◎

각각의 빛 입자(광자)에는 편광으로 알려진, 진행 방향에 직각인 어떤 방향이 있다. 목성에서처럼 자기장은 태양빛의 편광을 회전시킨다.

태양권 ◎

태양풍의 범위까지 태양이 영향을 미치는 영역. NASA의 우주탐사선 보이저 1호와 2호는 이 영역의 가장자리까지 도달했다.

거대충돌가설 ◎

우리가 왜 유별나게 큰 달을 갖고 있는지에 관한 최상의 아이디어는 행성 크기의 천체가 젊은 천체였던 지구를 강타해 커다란 덩어리를 날려 보냈다는 것이다.

힐 권 ◎

지구의 중력장이 더 이상 지배하지 않는, 지구로부터의 거리. 위성이 지구궤도를 돌려면 힐 권 내에 있어야 한다.

중력 ◎

행성의 궤도는 중력에 의해 결정된다. 해왕성의 존재는 다른 행성의 궤도에 그것이 끼치는 중력효과로 예측되었다.

커크우드 간극 ◎

화성과 목성 사이 목성과의 '궤도공명'이 존재하는 소행성대의 간극. 예를 들어 목성이 태양을 1회 공전할 때 여기서는 3회 공전한다.

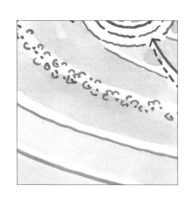

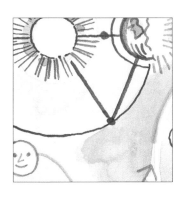

라그랑주 점 ◉

무거운 두 물체의 중력 상호작용으로부터 안정적인 지점. 지구/태양에 대해 그런 지점 다섯 곳이 있어 위성 같은 물체가 표류하지 않고 자기 자리를 지킬 수 있다.

니스 모형 ◉

초기 태양계의 발달에 대한 모형(니스에서 고안된)으로, 목성형 행성들이 초기에는 태양에 더 가까이 있다가 바깥쪽으로 옮겨갔다고 주장한다.

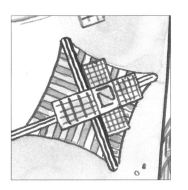

광압 ◉

빛의 광자는 아주 작은 양의 압력을 발휘한다. 이는 우주에서 위성이 태양 돛을 추진 수단으로 사용할 수 있음을 뜻한다.

핵융합 ◉

태양은 핵융합으로 에너지를 얻는다. 핵융합에서는 원자핵들이 한데 결합해 더 무거운 원소를 형성하며 에너지를 내놓는다. 주 반응은 수소가 융합해 헬륨을 만드는 과정이다.

화성 운석 ◉

소행성이 화성과 충돌하면 암석 덩어리를 날려버릴 수 있고 결국 이것은 화성 운석으로 지구까지 날아온다.

오베르트 효과 ◉

이른바 중력새총효과로, 우주탐사선이 행성 주변을 지나가면서 행성의 태양 주변 궤도운동으로부터 속력을 얻는다.

중성미자 진동 ◉

태양의 핵반응은 전자형 중성미자(116쪽 참고)를 만들지만, 예상보다 훨씬 더 적다. 이는 중성미자가 비행하면서 다른 종류의 '향'으로 바뀌기 때문이다. 이 과정을 진동이라 부른다.

오르트 구름 ◉

행성궤도의 훨씬 바깥쪽 얼음 천체들의 지역. 공전주기가 긴 몇몇 혜성은 오르트 구름에서 유래했을 것으로 추정된다.

궤도공명

토성의 몇몇 위성은 궤도공명을 한다. 공전주기들이 서로 배수 관계에 있어 그네에서 누군가를 미는 것과 약간 비슷한 공명효과를 낸다.

역자전

대부분의 행성은 같은 방향으로 자전한다. 왜냐하면 행성의 자전은 똑같이 수축하는 물질에서 유래했기 때문이다. 그러나 금성은 오래전에 소행성에 부딪혀 반대 방향으로 회전한다.

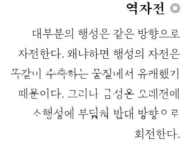

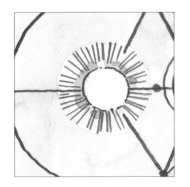

세차

회전하는 물체의 축의 방향, 또는 공전하는 천체의 궤도의 방향이 시간에 따라 변하는 경우. 이는 행성궤도가 서서히 변하는 것에서, 또는 여기 그림 속 팽이에서 볼 수 있다.

자기조직계

지구보다 큰 목성의 대적반은 수백 년 동안 지속되었다. 이는 지구에서의 멕시코만류처럼 오래 지속되는 유체의 흐름을 만들어내는 카오스의 효과이다.

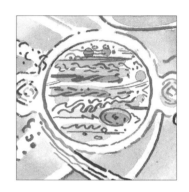

양자 터널 효과

양자 입자의 위치는 확률적이기 때문에 겉보기에 돌파할 수 없을 것 같은 장벽도 넘어갈 수 있다. 이런 효과가 없다면 태양의 수소이온들은 융합하기에 충분할 만큼 가까이 다가갈 수 없다.

항성 주기

천체가 별들에 대해 공전을 끝내는 데 걸린 시간. 달의 항성 주기는 움직이는 지구에서 바라본 공전 주기와는 다르다.

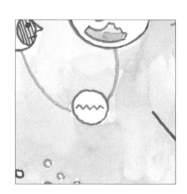

레일리-베나르 대류

아래에서 가열된 유체가 개구리알과 약간 비슷해 보이는 대류 양태를 만들 수 있다. 태양 표면에서 이런 대류 과정이 일어난다.

태양 플레어와 코로나 물량 방출

태양에서 갑자기 밝아지는 지점인 태양 플레어에서는 종종 코로나 물량 방출이 함께 일어난다. 이때 대전물질들이 태양 표면에서 폭발하듯 방출된다.

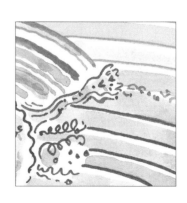

태양풍

태양에서 모든 방향으로 바깥을 향해 뻗어나가는, 전기적으로 대전된 입자들의 일정한 흐름.

강한 상호작용

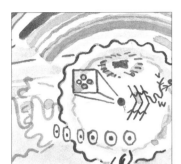

원자핵 속에서 기본 입자들을 함께 묶어두는 힘. 원자핵이 함께 융합할 때 일부 에너지가 방출되는데, 이는 태양 에너지의 근원이 된다.

흑점 주기

태양의 흑점은 태양 표면에서 자기 효과로 인해 온도가 더 낮은 영역이다. 흑점의 수는 많아졌다가 적어지는데 대략 11년마다 최대로 많아진다.

조석 고정

지구의 중력이 달의 표면을 뒤틀기 때문에 서서히 달의 자전주기가 변했고, 이로 인해 달이 계속해서 같은 면을 지구로 향하고 있다.

윌슨 효과

태양의 흑점이 태양을 공전하는 게 아니라 태양의 표면 위에 있다는 것이 18세기에 밝혀졌다. 극에 가까운 각도에서는 흑점이 평평해 보이기 때문이다.

X선 형광

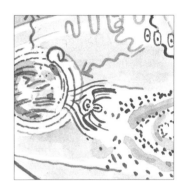

금성은 태양에서 형성된 X선을 대기가 흡수했다가 재방출하기 때문에 X선을 내뿜는다. 이 과정을 형광산란이라고 한다.

야르콥스키-오키프- 라드지에프스키-패댁 효과

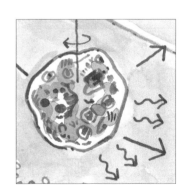

줄여서 YORP로 알려진 이 효과는 태양복사를 흡수하고 재방출하기 때문에 발생하는, 소행성 같은 작은 천체의 회전 속력의 변화를 기술한다.

제이만 효과

강력한 자기장은 스펙트럼선(특정 진동수에서 원자가 방출하는 빛)을 몇 개의 다른 진동수로 쪼갤 수 있다. 태양 흑점은 이 효과를 일으킨다.

대우주

The Entire Universe!

$N = R^* \times f_p \times n_e \times F_l \times f_i \times f_c \times L$

대우주
The Entire Universe!

각운동량 보존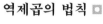

회전 운동의 운동량은 보존된다.
이것이 스케이터가 팔을 끌어모을 때
더 빨리 돌 수 있으며 은하들이
나선형으로 형성되는 이유다.

역제곱의 법칙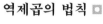

거리의 제곱으로 감소하는 효과.
빛의 밝기는 역제곱으로 떨어지는데,
이를 이용해 별과 은하들까지의
거리를 잴 수 있다.

쿨롱의 법칙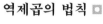

전기적으로 대전된 입자들 간의
힘에 관한 법칙. 인공위성의
궤도 위치를 옮기는 데 사용되는
이온추진기는 전기적 반발력을
이용해 반작용 물질을 밀어낸다.

뉴턴의 제3법칙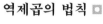

이 법칙은 로켓이 작동하게 한다.
로켓의 배기가스가 우주선 밖으로
밀려나면 크기가 같고 방향이 반대인
힘을 만들어 우주선을 앞으로
나아가게 한다.

허블의 법칙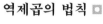

가장 가까운 이웃 은하들은 논외로
하고, 다른 은하들은 거리에 따라
증가하는 속력으로 우리 은하로부터
멀어지고 있다. 이는 우수가 팽창하고
있음을 보여준다.

스넬의 굴절법칙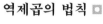

빛의 진행 속력이 서로 다른 매질
사이로 광선이 움직일 때 어떻게
방향을 바꾸는지를 기술하는 법칙.
이 법칙으로 인해 영사기의 렌즈는
초점을 잡을 수 있다.

불확정성 원리 □

입자들이 공간에서 잠시 나타났다가 사라진다고 기술한다. 외계인 때려잡기 게임에서처럼 입자들이 너무 빨리 사라져서 발견하기도 어렵다.

찬드라세카르 한계 ○

백색 왜성이 가질 수 있는, 그리고 안정성을 유지할 수 있는 최대 질량. 질량이 더 큰 별들은 중력 붕괴해서 중성자별이나 블랙홀이 된다.

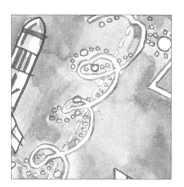

위치천문학 ○

위치천문학은 행성의 중력이 별의 운동에 일으키는 요동을 통해 외계행성(다른 별 주위의 행성)을 관측하는 데 사용된다.

우주배경복사 ○

우주가 38만 년 되어 처음으로 투명해졌을 때 우주를 가로지르기 시작한 빛. 이 빛은 희미한 마이크로파 복사로 모든 우주를 채우고 있다.

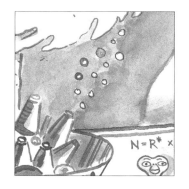

흑체 복사 ○

비반사 물체가 지닌 온도에서 비롯된 전자기 복사. 우주를 채우고 있는 우주배경복사는 섭씨 -270도의 흑체 복사이다.

암흑 에너지 ○

우주의 팽창은 가속되고 있다. 이를 유지하기 위해서는 암흑 에너지로 알려진 에너지가 필요하다. 많은 이론이 있지만 그 근원은 알려져 있지 않다.

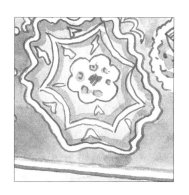

블랙홀 형성 ○

죽어가는 거대한 별이 너무 무거워서 중력이 그 물질을 끌어당기는 것을 내부 압력이 버틸 수 없어서 붕괴할 때 블랙홀이 형성된다.

암흑 물질 ○

우주에서 관측되지 않은 가상의 추가적인 물질로, 전자기적으로 상호작용을 하지 않는다. 은하가 너무 빨리 회전해서 눈에 보이는 물질만으로는 한데 묶어둘 수 없다는 이유로 그 존재를 추론하게 되었다.

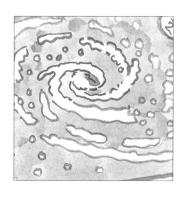

도플러 분광학 ◉

다른 별 주위를 도는 행성을 탐지하는 메커니즘. 행성의 중력 영향으로 별이 도플러 이동을 겪어 그 색이 번지는 것을 이용한다. 작은 소녀가 인니라는 별을 중심으로 행성처럼 움직인다.

외계행성 직접상 ◉

망원경 성능이 충분히 강력해지고 있어서 태양 이외의 다른 별 주변을 도는 몇몇 행성들은 직접 볼 수 있다. 이 고리는 행성의 경로를 합성한 것이다.

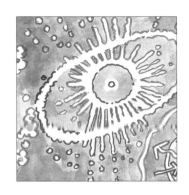

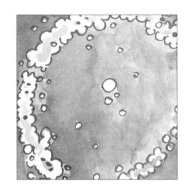

드레이크 방정식 ◉

우리은하에서 잠재적인 외계 문명의 대략적인 수를 계산하기 위해 고안된 공식으로, 많은 미지수를 포함하고 있다.

일반상대성이론 ◉

중력이 시공간을 뒤틀게 하는 이론. 무거운 천체를 지나가는 빛의 경로는 휘어져서 하나의 천체에서 나오는 빛이 여러 갈래로 쪼개져 아인슈타인 고리 같은 효과를 만들어낸다.

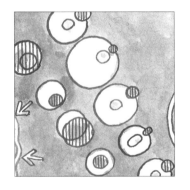

식쌍성 ◉

별의 밝기가 변할 수 있는 이유들 중 하나. 두 개의 별이 서로 공전하는데 하나가 다른 하나의 앞을 지나가면 이들 쌍성의 밝기가 달라 보인다.

중력파 ◉

시공간 구조의 파동으로서, 블랙홀이 나선형으로 소용돌이치며 충돌하는 것과 같은 거대한 사건으로 인해 발생한다. 이는 지구에 있는 장치의 미세한 움직임으로 감지된다.

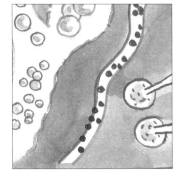

에딩턴 밸브 메커니즘 ◉

카파 메커니즘이라고도 불린다. 별 속의 층들이 움직여 밝기가 변하는 변광성들은 거리를 측정하는 '표준 촉광'으로 사용된다.

호킹 복사 ◉

블랙홀은 중력장이 너무나 강력해 빛조차도 탈출할 수 없으나 양자효과로 만들어진 입자들로부터 희미한 호킹 복사가 방출된다.

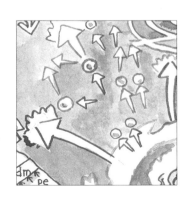

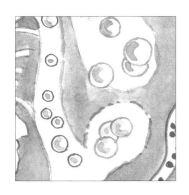

헤르츠스프룽-러셀 도표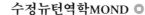

이 도표는 서로 다른 형태의 별들 사이의 관계와 별이 시간에 따라 어떻게 진화하는지를 보여준다.

수정뉴턴역학MOND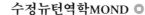

암흑 물질이 원인이라는 효과에 대한 대안적 설명. 아주 큰 천체에 대해서는 중력 끌림이 수정된다.

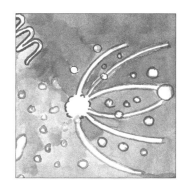

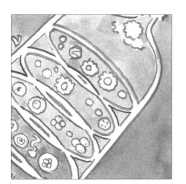

급팽창 이론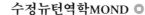

우주가 초기에 매우 짧은 시간 동안 극도로 빠른 팽창을 겪었다고 주장하는 이론. 우주의 현재 모습을 설명하는 데에 도움을 주지만 아직은 이를 뒷받침하는 증거가 없다.

멀티버스 이론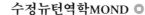

액체 표면의 거품들처럼 여러 개의 빅뱅이 있어서 많은 우주를 팽창시켰다는 가정.

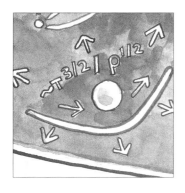

진스 질량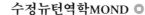

기체 구름이 수축해 별을 형성할 정도로 충분한 중력 끌림을 갖게 되는 질량.

성운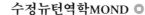

우주의 흐릿한 조각들('Nebula'는 '구름'을 뜻하는 라틴어에서 유래했다). 빛을 내는 기체의 구름으로, 별들이 생성되고 있는 곳이거나 항성폭발의 잔해이다.

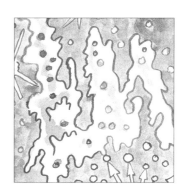

렌제-티링 효과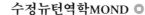

회전하는 무거운 천체가 꿀 속에서 회전하는 수저처럼 그 주변의 시공간을 잡아당기는 일반상대론적 효과로, 틀 끌림frame dragging으로도 알려져 있다.

중성자별 형성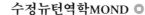

초신성 폭발을 겪은 별의 잔해들로, 핵의 밀도가 굉장히 높아 찻숟갈을 채울 정도의 양이면 질량이 1억 톤 정도 된다.

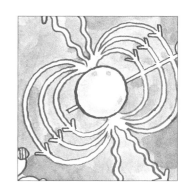

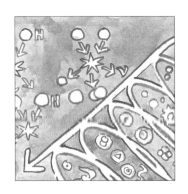

핵합성

별과 초신성이 수소를 융합해 헬륨을 생성하고 계속해서 더 무거운 원소들을 만들이 지언의 모든 94개 원소를 생성히는 괴정.

균질성의 원리 ◉

큰 규모에서는 우주가 균질하다는 가정. 관측자가 어디에 위치해 있든 똑같은 관측 결과를 내놓는다.

올베르스의 역설 ◉

만약 우주가 무한하다면 모든 방향에 별들이 있을 것이다. 에드거 앨런 포는 광속과 우주의 수명이 유한하기 때문에 우리는 비교적 가까운 별들만 보는 것이라고 주장했다.

등방성의 원리 ◉

큰 규모에서는 우주가 등방적이라는 가정. 관측자가 어떤 방향에서 바라보든 관측 결과는 똑같다(그리고 같은 물리법칙이 적용된다).

시차 ◉

가까이 있는 별들까지의 거리는 두 시점에서 바라본 겉보기 운동으로 측정한다. 이는 우리가 한쪽 눈을 가렸다가 다른 쪽 눈을 가렸을 때 물체가 이동하는 것처럼 보이는 것과 똑같다.

펄서 ◉

규칙적인 전파 펄스를 방출하며 빠르게 회전하는 중성자별. 처음 관측했을 때는 외계인이 보낸 것일 수도 있다고들 추측했다.

플라스마 무기 ◉

플라스마 무기는 SF에 나오는 것 중 가장 실현 가능한 광선총 중 하나로, 전자기적 반발력으로 엄청나게 뜨겁게 이온화된 기체의 빔이나 펄스를 내뿜는다.

퀘이사 ◉

'Quasi-stellar object(준항성체)'의 준말. 젊은 은하의 중심부에 있는 초거대 블랙홀은 물질을 흡수하고 보통의 은하보다 수천 배 밝은 빛을 발산한다.

동시성의 상대론

공간에서 사건의 동시성은 상대적인 운동에 좌우된다. 빠르게 움직이는 스케이터는 동시에 떨어진 쟁반 중 하나를 다른 하나보다 약간 더 빨리 관측한다.

로켓 방정식 ⊙

로켓에서 가능한 속도의 변화를 기술하는 방정식으로, 로켓이 지닌 반작용 질량의 양에 좌우된다. 이 때문에 지구에서 발사하는 로켓은 다단계일 필요가 있다.

폭주 핵융합 ⊙

별들이 초신성으로 가는 하나의 메커니즘. 백색왜성이 추가로 물질을 얻어 급작스럽고 극적인 핵융합 반응을 겪는다.

작스-월프 효과 ⊙

광자가 중력장을 통과할 때 에너지를 잃어버리는 중력적색편이가 나타나고 이로 인해 우주배경복사에도 편차가 생긴다.

항성 핵붕괴 ⊙

초신성을 촉발하는 두 번째 메커니즘으로, 극도로 무거운 별의 핵이 중력으로 인해 붕괴해 그 나머지 물질들을 날려버린다.

톨만-오펜하이머-볼코프 한계 ⊙

붕괴해서 초신성을 형성하는 별은 그 끝이 중성자별이나 블랙홀일 수 있다. 이 한계는 중성자별을 형성하는 최대 질량이다.

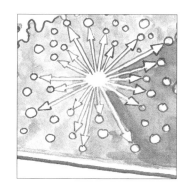

통과 측광법 ⊙

다른 별 주변의 행성을 관측하는 대안적 방법으로, 행성이 별 앞을 지나갈 때 별빛이 희미해진다는 점을 이용한다.

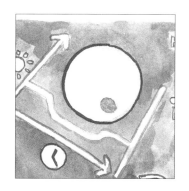

빅뱅이 일어난 곳 ⊙

공간의 모든 점이 빅뱅으로부터 생겨났으므로 빅뱅의 위치는 모든 곳이다. 천체투영관의 이곳도 여기에 포함된다.

부록

주요 인물

윌리엄 톰슨 William Thomson (켈빈 경)

1824-1907

주요 발견
열역학 법칙

1824년 6월 26일, 벨파스트에서 태어나 켈빈 경이 된 윌리엄 톰슨은 물리학자뿐만 아니라 기술자로도 대단히 성공했다. 그는 케임브리지대학을 졸업 후 놀랍도록 젊은 22세의 나이에 글래스고대학의 자연철학 교수가 되었다. 그의 가장 위대한 업적은 열역학 분야에서 나왔으나, 대서양 횡단 전신 케이블을 부설하는 계획에도 이바지한 공로로 1866년 작위를 받았다. 그는 절대 0도, 즉 가능한 가장 낮은 온도라는 개념을 제안했으며, 매우 중요한 열역학 제2법칙의 초기 모습을 정식화했다. 톰슨은 또한 지구가 수백만 년 동안 존재했었을 것을 제시하며 지구의 나이에 관한 논쟁에 기여했다. 1907년 12월 17일, 라그스에서 사망했다.

2
마리 퀴리 Marie Curie
1867-1934

주요 발견
방사선

1867년 11월 7일, 바르샤바에서 태어난 마리 퀴리는 파리 소르본대학에서 물리학을 공부했다. 대학원 연구실 공간이 부족해 마리는 곧 남편이 될 피에르 퀴리와 연구실을 함께 썼고 1895년 7월에 결혼했다. 2년 뒤 퀴리는 방사능을 연구하기 시작했다. 1898년에는 역청우라늄석이 강력한 방사선원임을 알아냈다. 그녀는 피에르와 함께 작업하다가 나중에 폴로늄polonium이라고 이름 붙여진, 우라늄보다 400배 방사능이 강력한 물질을 발견했다. 그해 그들은 라듐radium이라 불리는 또 다른 방사성 원소를 발견했다. 퀴리 부부는 1903년 방사능을 연구한 공로로 노벨물리학상을 수상했고, 마리 퀴리는 또한 1911년 라듐과 폴로늄을 발견한 공로로 화학상도 받았다. 1906년 피에르는 교통사고로 죽었다. 마리 퀴리는 방사능 연구를 계속했고 1차 세계대전 때 이동형 X선 촬영 장치를 개발했으며, 이후 방사능을 의학적으로 활용하는 길을 개척했다. 마리 퀴리는 X선 과다노출로 1934년 7월 4일 사망했다.

3
피사의 레오나르도 Leonardo of Pisa(피보나치)
1170경-1240-1250경

주요 발견
피보나치 수열

1170년 무렵, 피사에서 태어난 레오나르도는 'filius Bonaccii(보나치오의 아들)'에서 따온 별명인 피보나치로 더 잘 알려져 있다. 피보나치의 아버지는 그를 데리고 북아프리카로 여행을 떠났다. 거기서 피보나치는 아랍 수학자들이 사용했던 인도 숫자를 접하게 되었다. 1202년 자신의 저서《계산판의 책》에서 피보나치는 0과 함께 인도 숫자를 서양에 소개했다. 이 책에서 또한 인구 증가에 관한 연구를 소개했다. 그의 간단한 모형에서 토끼는 성장하는 데 한 달이 걸리고 성체 한 쌍은 매달 새로운 한 쌍(수컷 한 마리와 암컷 한 마리)을 낳는다. 죽는 토끼는 없다. 한 달 두 달 지날수록 토끼 쌍의 숫자는 1, 1, 2, 3, 5, 8, 13…이 된다. 매달의 숫자는 모두 직전 두 값을 더한 값이다. 인구 모형으로는 현실적이지 않지만 이 수열은 두상화 속 씨의 분포 같은 자연 현상에서 나타난다. 피보나치는 수십 년 동안 회계와 수학교육 분야에서 일하다 1240년에서 1250년 사이에 사망했다.

4
리처드 파인먼 Richard Feynman

1918-1988

주요 발견
양자전기역학QED

1918년 5월 11일, 뉴욕에서 태어난 리처드 파인먼은
물리학자들의 물리학자로서, 그의 과학적 천재성만큼이나
카리스마 넘치는 소통 능력에서도 전설적이었다. 파인먼은
매사추세츠 공과대학MIT을 졸업한 뒤 2차 세계대전 당시
핵폭탄을 개발했던 맨해튼 프로젝트에 참여했다. 파인먼이
물리학에 가장 크게 기여한 것은 빛과 물질에 대한 과학인
양자전기역학QED에서이며, 그 공로로 노벨상을 공동 수상했다.
그가 개발한 도구인 파인먼 도형은 QED 연구가 발전하는 데
큰 역할을 했다. 파인먼은 두 저서로 유명해졌다. 빨간색 책으로
알려진 그의 학부 강의 노트《파인먼의 물리학 강의》는 엄청난
베스트셀러가 되었고, 회고록을 엮은《파인먼 씨, 농담도
잘하시네!》는 전작과 다른 매력으로 베스트셀러가 되었다.
파인먼은 1988년 2월 15일 사망했다.

5
린 마굴리스 Lynn Margulis

1938-2011

주요 발견
내공생

1938년 3월 5일, 시카고에서 태어난 린 마굴리스는 박사학위를
받은 지 2년이 지난 29세의 나이에 내공생이라는 획기적인
아이디어를 개발했다. 그의 이론에 따르면, 미토콘드리아라
불리는 생물 세포의 작은 하부단위는 원래 세균이었으며
다른 세포에 흡수돼 내공생관계를 형성했다. 이와 비슷하게
마굴리스는 많은 식물에서 광합성을 가능하게 하는 엽록체가
한때는 독립적인 유기체였다고 주장했다. 처음에 그의 이론은
당시에는 불완전했던 다윈의 진화론적 개념에 반했기 때문에
거부되었다. 10년이 지나서야 실험 증거들이 충분해져 그의
생각이 주류가 되었다. 또한 마굴리스는 제임스 러브록과 함께
가이아 가설을 연구했다. 그들은 지구가 거대한 유기체와 다르지
않은 하나의 자기조절계라 주장했다. 그는 계속해서 세포 구조
속에서 내공생관계를 탐색했고 탈바꿈 종의 애벌레와 성충이
다른 조상들로부터 진화했다는 증명되지 않은 가설을 지지했다.
2011년 11월 22일 사망했다.

6

아이작 뉴턴 Isaac Newton

1642-1726

주요 발견
운동 및 중력의 법칙

1642년 12월 25일(구식 율리우스력), 링컨셔의 울스도프 장원에서
태어난 아이작 뉴턴은 케임브리지대학에 다니면서 특출함을
드러냈다. 1665년 졸업한 직후, 그는 전염병 때문에 집에서
2년을 보낼 수밖에 없었는데 뉴턴에 따르면 그 시절 떨어지는
사과를 보고 영감을 얻어 중력에 대해 생각했다고 한다. 그의 첫
성취는 광학에서였다. 초기 반사망원경을 만들어 왕립학회의
주목을 끌었고, 백색광이 어떻게 무지개 색깔들로 구성돼
있는지를 설명했다. 1687년에는 대작《프린키피아》를 출판해
운동법칙과 보편중력의 법칙을 소개했다. 그 책은 또한 새로운
수학 기법인 유율법을 사용했는데, 지금은 미적분학으로 더
잘 알려져 있다. 뉴턴은 영국 조폐국장으로서도 성공 가도를
내달렸다. 1705년 정치적인 업적으로 기사 작위를 받았고
1726년 3월 20일(구력) 런던 켄싱턴에서 사망했다.

7

마이클 패러데이 Michael Faraday

1791-1867

주요 발견
전동기, 유도

1791년 9월 22일, 런던의 한 가난한 가정에서 태어난 마이클
패러데이는 14세의 나이에 제본사 수습생으로 일하게 되었다.
책으로 독학하고 대중강연에 참석했던 패러데이는 1813년
영국의 왕립연구소에서 화학조수로 직장을 구했다. 그는
화학에서도 상당한 업적을 남겼지만 가장 위대한 발견은
물리학에서였다. 1821년 패러데이는 전동기 이면의 현상을
발견했고 1831년에는 전자기 유도 현상을 발견해 발전기
메커니즘을 제시했다. 또한 그는 장fields이라는 개념을
생각해냈다. 이는 물리 이론의 핵심이 되었고 전기와 자기
개념을 통합하는 데 도움이 되었다. 패러데이는 또한 완벽한
강연자였으며 왕립연구소의 대중강연 범위를 확장했다. 1867년
8월 25일 런던 근처 햄프턴코트에서 사망했다.

8
찰스 다윈 Charles Darwin
1809-1882

주요 발견
진화

1809년 2월 12일, 잉글랜드 슈루즈베리에서 태어난 찰스
다윈은 성직자가 되기 위해 케임브리지대학에서 공부했으나
지질학과 식물학에 매료되었다. 그 결과 다윈은 남미 해안선
지도를 작성하는 임무를 부여받은 비글호의 5년에 걸친 항해에
함께하게 되었다. 남미와 호주에서의 그 여행 덕분에 다윈은
방대한 범위의 표본을 수집할 수 있었다. 그는 갈라파고스
제도의 새와 거북이의 변종을 관찰하며 종이 진화할 수 있는
방법을 헤아려보았다. 22년이 지나서야 다윈은 박물학자
알프레드 러셀 월리스Alfred Russel Wallace의 편지를 받았는데,
그는 자연선택 이론을 개괄하고 있었다. 다윈은 등 떠밀리듯
1859년 진화에 관한 그의 유명한 저서《종의 기원》을 출판했다.
이 책과 함께 1871년에 나온 후속작《인간의 유래와 성선택》은
성공적이었다. 다윈은 1882년 4월 19일 사망했다.

9
조지 스토크스 George Stokes
1819-1903

주요 발견
스토크스의 법칙, 스토크스 표류

1819년 8월 13일, 아일랜드의 슬라이고 카운티 스크린에서
태어난 조지 스토크스는 빅토리아 시대의 뛰어난 물리학자로,
54년 동안 케임브리지대학에서 루카스 석좌교수직(이전에는
아이작 뉴턴이, 이후에는 스티븐 호킹이 차지했던)을 유지했다.
케임브리지대학에서 수학한 그는 생애 전 경력을 이 대학에서
보냈다. 그는 편광빛과 형광성(그가 이름 붙인)을 이해하는 데 큰
진전을 이루었고 지구 표면을 가로지르는 중력의 변화에 관한
연구에서 유용한 업적을 남겼다. 그의 이름인 스토크스는 액체와
기체의 흐름에 대한 과학인 유체역학과 아주 밀접한 관련이
있다. 뉴턴의 운동 제2법칙과 맞먹는, 유체역학에서 가장 중요한
방정식은 나비에-스토크스 방정식이다. 이 방정식은 프랑스의
공학자 클로드 루이 나비에가 정식화했으나 근거가 부족했는데,
1845년 여기에 과학적 근거를 제공한 것이 스토크스였다.
스토크스는 1889년 기사 작위를 받았고 1903년 2월 1일
사망했다.

10

알프레트 베게너 Alfred Wegener

1880-1930

주요 발견
대륙이동/판구조론

1880년 11월 1일, 베를린에서 태어난 알프레트 베게너는 자신의
논쟁적인 이론이 받아들여지기까지 힘겨운 전투에 직면했다.
베를린, 하이델베르크, 그리고 인스브루크에서 수학한 베게너는
기상학을 연구했고 그린란드 탐사에 네 차례 참가했다. 베게너는
연구 경력 초기에 아메리카의 동부 해안 모습이 아프리카와
서유럽의 해안과 놀랍도록 비슷해 거대한 직소 퍼즐처럼
잘 들어맞는다는 것을 알아차렸다. 그는 한때 대륙이 합쳐져
있었다가 떨어져 나간 것이라고 주장했다. 맞닿아 있었을
지역들에서 서로 비슷한 암석 형태와 화석이 발견되어, 이것으로
그의 주장을 뒷받침했다. 베게너는 1915년 자신의 생각을
논문으로 출판했으나 그 개념이 그럴듯하지 않아 그가 죽은 뒤
족히 20년이 지날 때까지도 받아들여지지 않았다. 판구조론으로
알려진 그 메커니즘은 지금은 완전히 수용되었다. 베게너는
1930년 11월, 그의 마지막 그린란드 탐사에서 공급물자가
소진돼 사망했다.

11

에드워드 로렌즈 Edward Lorenz

1917-2008

주요 발견
카오스 이론

1917년 5월 23일, 미국 코네티컷주 웨스트하트퍼드에서 태어난
에드워드 로렌즈는 카오스 이론의 원리를 발견한 수학자이자
기상학자였다. 로렌즈는 다트머스대학과 하버드대학에서 학업을
마친 뒤 매사추세츠 공과대학MIT으로 갔다. 1961년, 로렌즈는
거기서 놀라운 발견을 했다. 그는 초기 컴퓨터에서 기상 모형을
돌리고 있었는데, 그 작업은 도중에 중단되었다. 로렌즈는 더딘
과정을 다시 시작하는 대신 이전 작업을 돌리던 도중에 얻은
값들을 다시 입력했다. 놀랍게도 처음 돌린 모형과는 완전히
다른 방식으로 예보가 이루어졌다. 그 시스템은 계산에서 사용된
것보다 더 적은 소수점 이하 자릿수를 출력해냈다. 미세한
차이가 결과에서는 거대한 차이로 이어졌다. 이는 카오스
이론의 핵심이다. 로렌즈의 논문 제목은 또한 그런 결과에 대해
'나비효과'라는 용어를 우리에게 제시했다. 로렌즈는 2008년
4월 16일에 사망했다.

12

요하네스 케플러 Johannes Kepler

1571-1630

주요 발견
행성운동법칙

1571년 12월 27일, 독일 뷔르템베르크에서 태어난 요하네스
케플러는 광학과 대수를 연구했지만, 그의 대표적인 연구는
행성운동법칙으로 기억되고 있다. 그는 튀빙겐에서 공부하며
코페르니쿠스의 혁명적인 이론을 배웠다. 그 이론에서 태양은
태양계의 중심에 있었다. 케플러가 초기에 내놓은 획기적인 업적
중 하나는 달이 보통의 행성이 아니라고 결론짓고, 그가 만든
용어를 써서 지구의 위성satellite으로 기술한 것이다. 그가 제시한
몇몇 우주론은 지금 보면 약간 이상해 보인다. 그는 행성의
궤도가 서로 내접하는 정다면체(구나 정사면체, 정육면체 같은)의
크기로 결정된다고 주장했다. 그러나 그의 지속되는 유산은
행성이 하나의 점을 중심으로 태양과 함께 타원으로 움직인다는
점을 천명하고 행성이 공전하는 속력을 기술한 그의 법칙들이다.
케플러는 1630년 11월 15일 레겐스부르크에서 사망했다.

13

알베르트 아인슈타인 Albert Einstein

1879-1955

주요 발견
상대론, 블랙홀, 중력파

세상에서 가장 유명한 과학자인 알베르트 아인슈타인은 1879년
3월 14일, 독일의 울름에서 태어났다. 아인슈타인은 어릴 때부터
과학에 관심이 있었으나 정규 학교 교육에 반항적이었다.
그의 가족이 이탈리아로 이사한 지 채 1년이 되지 않았을 때
16세의 아인슈타인은 학교를 떠나 독일 국적을 포기하고
스위스로 갔다. 그는 취리히연방공과대학에서 공부한 뒤
대학원에서 자리를 얻지 못했고 스위스 특허국에 취직했다.
거기 있는 동안 1905년에 그는 분자의 크기를 결정하는
논문과 특수상대성이론을 소개하는 논문, 광전 효과(양자이론의
기초를 마련했으며 그에게 노벨상을 안긴)를 설명하는 논문, 그리고
$E=mc^2$을 증명하는 논문 등을 출판했다. 그의 경력은 1915년
일반상대성이론으로 정점을 찍었다. 이 이론은 중력에 대한
새로운 해석을 제시했다. 아인슈타인은 계속해서 레이저의
메커니즘을 발견했고 중력파를 예측했다. 유대인의 후손이었던
아인슈타인은 1933년 적대적이던 독일을 떠나 미국으로
향했으며 1955년 4월 18일 사망했다.

찾아보기

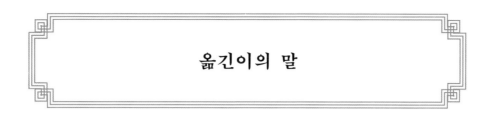

옮긴이의 말

《그림으로 보는 모든 순간의 과학》은 여러모로 독특한 과학책이다. 무엇보다 이 책은 그림책이다. 애덤 댄트의 그림은 친숙하면서도 핵심을 잘 잡아내고 있다. 특히 장마다 46개의 과학법칙이나 현상을 다루고 있는데, 댄트는 놀랍게도 단 하나의 커다란 그림 속에 그 모든 법칙과 현상을 유기적으로 다 담아냈다. 아마도 댄트는 그 모든 과학적 법칙과 현상들을 충분히 이해하고 스스로 체화한 상태에서 자신만의 터치로 작품을 그려낸 듯하다.

이 책은 그림책이면서도 그 구성이 독특해 보는 재미가 쏠쏠하다. 총 13개의 장은 부엌, 집, 정원을 거쳐 점점 줌아웃해가며 최종적으로 태양계와 대우주에까지 이른다. 각 장에는 대상 공간에서 발견할 수 있는 온갖 종류의 자연 현상과 관련 법칙들이 망라돼 있다. 그 분야 또한 물리학, 생물학, 지질학, 화학, 천문학, 기상학, 생태학 등 거의 모든 분야에 걸쳐 있다. 그렇게 각 장에서 46가지의 법칙과 현상을 뽑아내는 능력도 대단하다. 자신의 주방과 집과 정원에서 그렇게나 많은 자연의 원리가 숨어 있을 줄 누가 알았겠는가!

브라이언 클레그는 이 모든 항목을 두어 개의 문장으로 간결하게 핵심만 요약해서 정리했다. 이 또한 이 책의 큰 매력이다. 그 덕분에 과학을 전혀 모르는 사람이라도 쉽게 관심을 가질 수 있으며, 우리 주변을 둘러싼 일상에서부터 거대한 우주까지 어떻게 세상이 돌아가는지 한눈에 파악할 수 있다. 번역 작업을 하면서 나 또한 물리 이외의 분야에서 처음 접하는 법칙과 현상을 즐길 수 있었다.

과학을 하는 즐거움은 세상이 왜 이렇게 생겼고 왜 이런 식으로 돌아가는지 그 비밀을 하나씩 알아가는 데 있다. 보통은 그 내용이 대단히 전문적이고 복잡해서 과학을 전공하지 않은 사람들이 쉽게 다가가기 어렵다. 이 책은 그 진입장벽을 획기적으로 낮추었다. 그렇다고 해서 수준이 낮은 것도 아니다. 어린 학생들부터 성인에 이르기까지 과학에 흥미를 가지고 더 넓고 깊은 세상으로 나아가게 할 수 있는 길잡이이자 좋은 출발점으로 손색이 없다. 지금까지 과학책을 한 번도 본 적이 없거나 과학은 무조건 어렵다고만 생각하는 독자들이 있다면 이 책에서 그 편견을 깨고 과학으로 세상을 보는 즐거움을 만끽하기를 바란다.

이종필

저/역자 소개

글 • 브라이언 클레그 Brian Clegg

영국의 저명한 과학 저술가. 케임브리지대학에서 실험물리학을 전공했으며, 왕립예술학회와 영국물리학회IOP 회원이다. 〈네이처〉 〈타임스〉 〈BBC 히스토리〉 〈월스트리트 저널〉 등 유수의 잡지와 신문에 글을 기고해왔으며, 40여 권의 과학책을 냈다. 저서로는 《한 권으로 이해하는 양자물리의 세계》 《세상을 보는 방식을 획기적으로 바꾼 10명의 물리학자》 《건강한 과학》 등이 있다.

그림 • 애덤 댄트 Adam Dant

국제적으로 저명한 예술가. 저우드 드로잉상Jerwood Drawing Prize을 수상했고 2015년에는 영국 의회의 공식 예술가로 지명되었다. 그의 대형 그림과 판화는 웨일스 공 찰스를 포함한 수많은 개인에게 소장되었을 뿐만 아니라 뉴욕현대미술관MoMA, 리옹현대미술관, 빅토리아앨버트박물관 등에 전시되었다. 《Maps of London & Beyond》로 2018년에 국제창의적미디어상ICMA을, 2019년에 〈가톨릭 헤럴드〉 여행 부문 저술상을 받았다.

옮긴이 • 이종필

서울대학교 물리학과를 졸업하고 같은 대학교 대학원에서 입자물리학으로 석사학위와 박사학위를 받았다. 고등과학원KIAS, 연세대학교, 서울과학기술대학교에서 연구원으로, 고려대학교에서 연구교수로 일했다. 현재 건국대학교 상허교양대학 교수로 재직 중이다. 지은 책으로 《물리학 클래식》 《신의 입자를 찾아서》 《빛의 전쟁》 《우리의 태도가 과학적일 때》 등이 있고, 번역서로 《물리의 정석》 《최종 이론의 꿈》 《블랙홀 전쟁》 《스티븐 호킹의 블랙홀》 등이 있다.